Kjell Anderheim
Bod & Maskintransport AB
DANDERYD
LBC
KEDJAN
08-792 12 80
070 637 97 57
SCANIA
JKW 145
Bred last

W0288120

© 2005

Verlag Podszun-Motorbücher GmbH
Elisabethstraße 23-25, D-59929 Brilon
Internet: www.podszun-verlag.de
Email: info@podszun-verlag.de

Herstellung Druckhaus Cramer, Greven

ISBN 3-86133-401-1

Für die Richtigkeit von Informationen, Daten und Fakten kann keine Gewähr oder Haftung übernommen werden. Es ist nicht gestattet, Abbildungen oder Texte dieses Buches zu scannen, in PCs oder auf CDs zu speichern oder im Internet zu veröffentlichen.

Titelfotos: Michael Müller (oben links), Georg Loehr (oben rechts), Michael Schauer (unten)
Rückseite: Günter Hoffmann
Seite 1: Scania R 144 GB8x4/4 530, Seite 144: Scania T144 GB6x4 530

Jahrbuch 2006 Schwertransporte und Autokrane

Michael Schauer
Riesen auf zwei Rädern – Faun Zugmaschinen 5

Rainer Oberdrevermann
Rosenkranz Großkrane 25

Günter Hoffmann
Liebherr Großkrane LTM 1500 im Einsatz 61

Michael Müller
W & F Franke Schwertransporte 69

Thorge Clever
Eine Riesenwalze auf Reisen 105

Georg Loehr
Hermann Paule Schwertransporte 111

PODSZUN

Liebe Leserin, lieber Leser!

Dies ist die zweite Ausgabe des Jahrbuchs Schwertransporte und Autokrane, und wir freuen uns, Ihnen wieder interessante Themen rund um dieses Hobby anbieten zu können. Dank gilt an dieser Stelle allen Autoren und Bildgebern, die in den letzten Wochen und Monaten mit Engagement und einer Menge Zeitaufwand gearbeitet haben, damit dieses Jahrbuch rechtzeitig zur Frankfurter Buchmesse 2005 erscheinen kann. Ein technischer Hinweis: Abbildungen, die nicht namentlich gekennzeichnet sind, wurden von den Verfassern der jeweiligen Artikel zur Verfügung gestellt.

Dank gilt auch Ihnen, liebe Leserin, lieber Leser, für die Zuschriften oder Telefonate, in denen Sie Kritik äußerten und Anregungen lieferten. Wir freuen uns auf den Kontakt mit Ihnen und sind gerne bereit, Ihre Wünsche zu berücksichtigen.

Wir wünschen Ihnen viel Vergnügen mit dem Jahrbuch und nicht vergessen: das nächste Jahrbuch Schwertransporte und Autokrane, die Ausgabe 2007, ist ab Oktober 2006 erhältlich.

Ihr Redaktionsteam „Schwertransporte und Autokrane“

P.S.

Sie können das Jahrbuch in Buchhandlungen oder direkt beim Verlag auch abonnieren. Fordern Sie kostenlos und völlig unverbindlich unser Gesamtverzeichnis an mit Büchern über Baumaschinen, Lastwagen, Autos, Motorräder, Traktoren, Lokomotiven und Feuerwehrfahrzeuge:

Verlag Podszun-Motorbücher GmbH
Elisabethstraße 23-25, D-59929 Brilon, Telefon 02961 / 53213, Fax 02961 / 2508
Email: info@podszun-verlag.de, Internet: www.podszun-verlag.de

Riesen auf Rädern

Faun-Zugmaschinen

von Michael Schauer

Im September 2004 besuchte ich die Mini-Bauma in Nürnberg. Es ist immer wieder ein Highlight, diese Modellbauausstellung für Kran und Schwertransporte aufzusuchen.

Ins Gespräch kam ich mit Jaroslav Vorechôvsky, ein Hobbykollege und Faun-Begeisterter, so wie ich. Während der Unterhaltung fragte mich Jaroslav, ob ich einige Fotos sehen wolle. Nach kurzem Suchen in seinem Aktenkoffer kam ein kleiner Ordner zum Vorschein. Diese Faun-Aufnahmen versetzten mich erstmal in ein sprachloses Staunen. Zu meiner großen Freude hielt Jaroslav sein Versprechen, mir einige Abzüge zukommen zu lassen.

Ich hoffe, dass Ihnen die Aufnahmen genauso gut gefallen, wie mir. Mein herzlicher Dank gilt Jaroslav Vorechôsky und Albrecht Schilde für die Fotos vom Faun HZ 40.45/45.

Faun HZ 70.80/50 W 8x8. Fotografiert im Oktober 2003 in Elbistan /Türkei. Das Fahrzeug hat ein Gewicht von 23 t. (ohne Ballast) Der 816 PS starke wassergekühlte MTU Motor sorgt dafür, dass die Zugmaschine bis zu 300 t Anhängelast ziehen kann

Foto: Jaroslav Vorechovsky

Faun HZ 40.45/45 6x6. Diese Aufnahmen entstanden im Jahr 2001 an einer Gasstation in Ivanofrankovsk/Ukraine

Die Geländezugmaschine besitzt einen 425 PS Deutz Motor. Gebaut wurden die ersten Fahrzeuge 1979

Hier ist der Faun mit einem zweiachsigen russischen Auflieger aufgesattelt

Rechte Seite: Faun HZ 40.55/55 mit Goldhofer Auflieger Typ STUE TP2

Fotos: Jaroslav Vorechovsky

ICH KERN'S LEICHT
FAUN
SPB S 717
ÜBERBREITE
ÜBERLÄNGE
FAUN

UEBERLÄNGE
UEBERBREITE
SPB S 641

ICH KERN'S LEICHT
FAUN
SPB S 717
ÜBERBREITE
ÜBERLÄNGE
FAUN

Zu dem Faun HZ 40.45/45 6x6 fand ich noch einige Aufnahmen von Albrecht Schilde. Die Fotos entstanden in einem ehemaligen Tagebau in Ostdeutschland. Die Geländezugmaschine ist identisch mit der Faun an der Gasstation in Ivano-frankovsk/Ukraine. Diese Faun ist mit einem 455 PS starken luftgekühlten Deutz Motor ausgestattet. Aufgesattelt ist ein Goldhofer Typ STUE TP2. Der Auflieger hat eine Länge von 17,60 m. Mit seinen acht Geländereifen der Größe 24 R 20.5x5 kommt die Kombination auf ein Gesamtgewicht von 120 t

Fotos: Albrecht Schilde

BbA 56
FAUN

SPB
S 717
60

Goldhofer
BbA 56
FAUN

60

Zum Bergen von festgefahrenen Zugmaschinen im morastigen Gelände: Faun HZ 40.45/45 mit Ballastpritsche Foto: Faun

Bei Goldhofer baute man auch Geländeauflieger mit vier Reifen der Größe 26.5x25.
Foto: Goldhofer

Faun Zugmaschine „Herkules" mit 320 PS, V10 luftgekühlter Deutz Motor. Die letzten Faun in Tschechien. Die Firma Hutni Montaze Ostrava benutzt die Zugmaschine zum Transport eines Demag-Raupenkrans CC 2400.
Fotos: Jaroslav Vorechovsky

Zwei identische Faun HZ 40.45/45 6x6, Baujahr 1986, sind für die Schwertransport-Firma OVIT aus Budapest/Ungarn im Einsatz. Die gewaltige Haube der Zugmaschine sitzt auf einem 2,50 m breiten Fahrgestell. Unter ihr befindet sich ein 455 PS starker luftgekühlter V12 Deutz Motor

Fotos: Jaroslav Vorechovsky

Die Winde ist hinter der Kabine angebracht

Transport eines Kühlreaktors von Batolov nach Bratislava in der Tschechoslowakei

Transportstrecke:	ca. 340 km von Batolov nach Bratislava
Transportfahrzeug:	2 x THP/LT 14 mit Tragschnabelbrücke
Transportgut:	Atomkühlreaktor Länge: 12.000 mm Breite: 5.300 mm Höhe: 5.300 mm Gewicht: 364.000 kg
Gesamtzuggewicht:	532.000 kg
Zugmaschinen:	4 x Paun, 3-achsig, je 525 PS 1 x Tatra, 4-achsig, 320 PS
Transportverantwortung:	CSAD, Ostrava

Zum Bau eines Kraftwerkes in Bratislava/Tschechoslowakei hatte das staatliche Transportunternehmen CSAD die Aufgabe, einen Atomkühlreaktor mit einer Länge von 12 m und einer Breite und Höhe von je 5,3 m über eine kurvenreiche und schwierige Strecke von Batolov nach Bratislava zu transportieren. Zur Lösung der Probleme verwendete das Transportunternehmen zwei THP/LT 14-Transportfahrzeuge mit Tragschnabelbrücke von Goldhofer. Mit einem Brückenkran wurde der Kühlreaktor mit einem Einzelgewicht von 364.000 kg auf die bereitstehende Kesselbrücke geladen. Dann ging es los! Mit 5 km/h begab sich der Transport mit 125 m Gesamtlänge auf die 340 km lange Strecke in Richtung Bratislava

Höchste Konzentration der Begleitmanschaft war erforderlich, um auf der kurvenreichen Strecke schwierigsten Anforderungen gerecht zu werden. Selbst engste Kurven wurden aufgrund des hohen Achseinschlages (60°) der THP-Fahrwerke problemlos gemeistert

Insgesamt mußten fünf Unterführungen bewältigt werden. Dies konnte nur durch die hydraulische Höhenverstellbarkeit der Kesselbrücke erzielt werden ...

... das war auch notwendig, um die Steigungen und Gefälle von bis zu 12 Prozent zu bewältigen. Nach neun Tagen war es dann soweit, der Reaktorkessel konnte an seinem Bestimmungsort übergeben werden

Autobahnüberquerugen standen ebenfalls auf dem Programm. Dabei musste der gesamte Verkehr gesperrt werden. Auf der Strecke waren ständig fünf Zugmaschinen mit insgesamt ca. 2500 PS im Einsatz

Faun HZ 40.45/45 W 6x6 des ehemaligen Spezialtransport-Unternehmens CSAD/Ostrava in der damaligen Tschechoslovakei. Das Unternehmen hatte sechs dieser Zugmaschinen. Drei mit einer Länge von ca. 9,75 m bei einem Radstand von ca. 3,95 m. Diese Zugmaschinen besitzen eine zweite Sitzreihe in der Kabine und eine dritte Einstiegstür auf der linken Seite. Und drei Zugmaschinen mit einer Länge von ca. 10,12 m bei einem Radstand von ca. 4,32 m. Die Faun haben weder Sattelrahmen noch Teller, können also nur ballastiert gefahren werden Fotos: Jaroslav Vorechovsky

VITKOVICE

FAUN

FAUN
OVA·58·25

Bei der Auslieferung in Laufen an der Pegnitz, der Faun HZ 40.45/45 W 6x6 Fotos: Faun

Frisch lackiert präsentiert sich eine der letzten Faun HZ 40.45/45 W 6x6 auf dem Betriebsgelände der Firma Nosreti Specialtransport Ostrava

Foto: Jaroslav Vorechovsky

Heute befinden sich alle sechs Faun HZ 40.45/45 W 6x6 im Besitz der britischen Fa. A.L.E. (Abnormal Load Engineering). Ein Teil der Zugmaschinen fährt in der Niederlassung Abu Dhabi (VAE)

In den damaligen Hausfarben von Faun (weiß/rot) zeigt sich hier der Koloss S (1987)

Angetrieben von einem luftgekühlten Deutz V12 Motor mit 525 PS. Die Anhängelast beträgt 250 t

Heute ist der Faun für A.L.E. in England im Einsatz
Fotos: Faun

Zu dem ehemaligen Kran- und Schwertransport-Unternehmen Hdromontaza in Jugoslawien gehörte diese Faun HZ 46.40/49 8x8 mit einem luftgekühlten V12 Deutz-Motor mit 455 PS. Der hintere Teil der Fahrerkabine wurde nachträglich verlängert

Rosenkranz Großkrane

von Rainer Oberdrevermann

Einleitung

Im Folgenden sollen einige der größeren Rosenkranz Autokrane näher vorgestellt werden, und gleichzeitig möchte ich auch auf den einen oder anderen ihrer Einsätze näher eingehen. Diese Krane stehen natürlich in einer engen Wechselbeziehung zu der Entwicklung der Firma Paul Rosenkranz KG. So wird in diesem Zusammenhang auch die Geschichte dieser Kranverleihfirma gestreift, die ihrerseits wiederum eng mit dem Größenwachstum der Bohne Gruppe verbunden ist, der Rosenkranz als Gründungsmitglied bereits seit dem Jahr 1952 angehörte.

Die angesprochenen Großkrane sind es durchaus wert, in Wort und Bild etwas detaillierter dargestellt zu werden, handelt es sich bei diesen doch um keine Seriengeräte, sondern um entsprechend den Vorgaben und den technischen Möglichkeiten maßgeschneiderte Krane und damit bei jedem für sich um ein einzigartiges Gerät. Denn bei Rosenkranz wurde über Jahrzehnte hinweg in eigener Regie und mit großem Engagement und auch finanziellem Einsatz Entwicklungsarbeit betrieben. Der Grund hierfür war das Ergebnis des zweifellos von Kundenseite her ausgeübten Druckes nach immer leistungsfähigeren Kranen.

So war man bei Rosenkranz bereits zu einem recht frühen Zeitpunkt in der Lage, sich über einen Zeitraum von schließlich mehr als 25 Jahren hinweg diverse Krane selbst zu bauen, hin zu immer größeren Geräten, oder aber sich diese zumindest entsprechend den eigenen Vorstellungen und Plänen von einschlägig bekannten Fremdfirmen bauen zu lassen. Hierdurch wurden hinsichtlich der Größenentwicklung der Autokrane deutschlandweit, und möglicherweise auch darüber hinaus, durchaus Maßstäbe gesetzt. Mehr noch, bei Rosenkranz leistete man Pionierarbeit in der Kranentwicklung und setzte darüber hinaus Akzente für den Autokranbau überhaupt. Zuständig für die Entwicklungsarbeiten war bereits frühzeitig die eigens zu diesem Zweck unter dem Dach der Bohne-Gruppe gegründeten Abteilung Großkranbau, die praktisch ausschließlich mit Rosenkranz Mitarbeitern besetzt war.

Zum besseren Verständnis der innerhalb des Textes immer wieder auftauchenden Bohne-internen Kranbezeichnungen sei noch angemerkt, dass der Buchstabe „K" selbstverständlich für „Kran" steht, dem die maximale Tragfähigkeit des jeweiligen Gerätes (in Tonnen) folgt. Die der Tragkraftangabe folgende (letzte) Zahl stellt eine reine Zählnummer dar, die das erste, zweite u.s.w. Gerät von Kranen mit gleicher Hubkraft bezeichnet.

Geschichte

Gegründet wurde die Firma Rosenkranz in Witten im Jahr 1919 von dem 21-jährigen Paul Rosenkranz. Von ersten Anfängen als Kohlenhandlung, Spedition und Transportunternehmen, ab 1923 über viele Jahre recht erfolgreich auch als überregional tätiges Busunternehmen, entwickelte sie sich schließlich zu dem führenden deutschen Kranverleihunternehmen. Im Zuge der zunehmend entstehenden Notwendigkeit für Schwerguttransporte, hauptsächlich ausgelöst durch die allgemein fortschreitende Industria-

Firmenlogo

lisierung und speziell auch durch einen großen Bedarf an Stahlbrücken im Zusammenhang mit dem auch aus politischen Gründen vorangetriebenen Bau der Reichsautobahnen, wandte man sich in Witten ab 1933 verstärkt diesem Metier zu. Bald war man in der Lage, Spezialtransporte mit bis zu 100 Tonnen Stückgewicht durchzuführen. 1947 stieg die Firma dann in das Autokrangeschäft ein, denn der nach dem Krieg dringend notwendige Wiederaufbau von Industrieanlagen machte entsprechend leistungsfähige Hebezeuge erforderlich. Ein Autokran mit einer zur damaligen Zeit außergewöhnlichen Hubleistung von 10 Tonnen verließ bereits 1951 als Eigenbau die firmeneigenen Werkstätten. Und gerade dieses bereits angesprochene eigenständige Entwerfen, Konstruieren und Bauen sollte bei Rosenkranz typisch für die kommenden beiden Jahrzehnte mit ihren kontinuierlich größer werdenden Autokranen werden, so dass durchaus die Frage berechtigt erschien, ob es sich bei dieser Firma nun in erster Linie um einen Kranverleiher handelte oder doch eher um einen Kranbauer.

Bei Rosenkranz konnte man als Betreiber weit besser als die Kranindustrie frühzeitig den zukünftigen Marktbedarf erkennen. Weil offensichtlich von den frühen 50er Jahren an die gängigen Hersteller mit ihren jeweils verfügbaren Geräten diesen Vorstellungen nur unzureichend entsprechen konnten, schritt man quasi zur Selbsthilfe. Durch diese Vorgehensweise verschaffte man sich für viele Jahre einen nicht unbeträchtlichen Entwicklungsvorsprung hinsichtlich der technischen Ausführung der eigenen Krane gegenüber denen der Wettbewerber. Es war nur nahe liegend, dass diese Krane zumindest zum Zeitpunkt ihres Baus leistungsmäßig auch den Serienerzeugnissen der einschlägigen Kranindustrie überlegen waren. Tatsächlich handelte es sich bei vielen der angesprochenen Geräte, jeweils zu ihrer Zeit, sogar um die größten existierenden, auf eigener Achse zu transportierenden Autokrane überhaupt.

Bereits ein Jahr später, 1952, folgte ein 50 Tonnen hebendes Gerät, das – durchaus ungewöhnlich – als Anhängekran konstruiert war, und zwar mit 2 Achsen à 8 Vollgummireifen hinten und einer mittels einer

Der auf einem 3-achsigen Anhänger aufgebaute K 501 hebt gemeinsam mit einem bis zu 20 Tonnen hebenden Autokran, bei dem es sich möglicherweise ebenfalls um einen Eigenbau der Firma Rosenkranz handelt, eine 40 Tonnen wiegende Flaschenspülmaschine in ein Gebäude; hierbei dient der kleinere der Krane hauptsächlich zum Ausbalancieren der Last

Montage des Oberbaus eines Seilbaggers mit Hilfe eines Anhänge-Autokranes, der maximal eine Masse von ca. 30 Tonnen anheben kann; im Vordergrund ist das Raupenfahrwerk des Baggers abgestellt

Foto: Paul Rosenkranz

Zuggabel gelenkten Achse mit der gleichen Anzahl an Reifen vorne. Seine Bezeichnung lautete K 501. Der Kran konnte mit einer maximalen Auslegerlänge von 35 m aufgebaut werden und war in der Lage, so aufgerüstet noch eine Masse von 10 Tonnen anzuheben. Der Oberwagen besaß bereits einen Drehbereich von 360°. Das Gegengewicht war um 3 Meter ausfahrbar. Einem zeitgenössischen Artikel ist zu entnehmen, dass der K 501 bei seiner Indienststellung einen Lorain Autokran aus den USA (in dem Artikel als „Lorraine" bezeichnet) mit einer Tragfähigkeit von 45 Tonnen als den zuvor weltgrößten Autokran ablöste. Weiterhin fand die Tatsache besondere Erwähnung, dass die „Betätigung von Hakenhub, Nackenzug, 360° Schwenkung und Verfahrbarkeit des Kontergewichtes" zentral vom Fahrersitz aus erfolgen konnte. Die Bauart dieses Kranes als Anhänger mit einem antriebslosen Unterwagen wurde jedoch nicht weiter verfolgt; dennoch war der K 501 aber um 1970 noch in dem Rosenkranz Kranhandbuch aufgeführt. In den folgenden Jahren entwickelte man bei Rosenkranz unterschiedlichste Krangrößen mit Tragkräften zwischen 35 Tonnen und 80 Tonnen, die ebenfalls in den eigenen Werkstätten zusammengebaut wurden, und zwar nun ausnahmslos als Sattelzüge. Zum Teil waren diese sogar nach wie vor noch, dem damaligen Stand der Technik entsprechend, am Auflieger mit Vollgummibereifung versehen. Zu erwähnen in diesem Zusammenhang sind beispielsweise der K 601 mit einer Auslegerlänge von 60 m + 12 m sowie der K 802 mit einer um 10 m geringeren Hauptauslegerlänge, einer Transportlänge von 17 m und einem Gewicht bei Straßenfahrt von 57 Tonnen. Gezogen wurden beide Geräte, wie die meisten der weiteren Sattelzugkran-Eigenbauten von Rosenkranz auch, von Faun 3-Achs Zugmaschinen.

Ein Walzenrohling mit einer Masse von 60 Tonnen hängt an den Haken von 2 Kranen, die ursprünglich als MK-35 bezeichnet wurden, was auf eine maximal mögliche Hubkraft von 35 Tonnen schließen lässt; bei diesem Typ ist das Führerhaus bereits, wie in den folgenden Jahren bei Rosenkranz noch häufiger praktiziert, zwischen den Anlenkpunkten des Auslegers angeordnet

Verladen einer 65 Tonnen auf die Waage bringenden Presse mit Hilfe von zwei gleichartigen Rosenkranz Kranen des Typs MK-35 auf einen Bahntieflader anlässlich einer Werkzeugmaschinen-Ausstellung in Hannover im Jahr 1957; diese Geräte wurden ab den 60er Jahren Rosenkranz-intern als K 350 geführt

Aufgesattelter K 1251 Autokran, gezogen von einer Faun Zugmaschine; die ausgeklappte vordere Abstützung ist durch eine Stützstange stabilisiert; das Foto datiert aus dem Jahr 1973

Blick in den nur seitlich verkleideten Oberwagen des K 1251 Autokranes; man beachte die mechanischen Seilführungen zum gleichmäßigen Aufwickeln der Hub- und Auslegerseile auf die entsprechenden Trommeln; das Gegengewicht wurde auf hydraulischem Weg ausgefahren

Der K 1251, hier mit einem speziellen Schwerlastausleger ausgerüstet, beim Umschlag einer Zementmühle in ein Schiff; am anderen Ende der Trommel hilft ein Liebherr Autokran mit einer Hubkraft von 130 Tonnen bei der Aktion

Die ersten Großkrane

Zu Beginn der 60er Jahre stellte Rosenkranz dann als vorläufigen Höhepunkt einen, aus damaliger Sicht, wirklichen Giganten mit einer Hubkraft von 100 Tonnen vor, den K 1001. Er rollte auf einem 5-achsigen Fahrgestell mit einer 3-Achs Zugmaschine der Faun-Werke und einem 2-achsigen Sattelauflieger, mit dem der Kranoberwagen über einen Rollendrehkranz verbunden war. Die Gesamtlänge des Zuges betrug 14,9 m, das Gesamtgewicht bei Straßenfahrt 52 Tonnen. Die maximal mögliche Auslegerlänge lag bei 60 m, zuzüglich einem starr abgespannten Spitzenausleger mit einer Länge von 15 m.

Nach diesem großen Schritt ging es in ähnlichem Entwicklungstempo weiter. So entstanden bald darauf, genauer gesagt im Jahr 1965, gleich mehrere 125 und 150 Tonnen tragende Krane, die von ihrem grundsätzlichen Aufbau her dem 100-t Kran sehr ähnelten. Es handelte sich um den K 1251, K 1252 und K 1253 sowie um den K 1501. Die zulässigen Auslegerlängen bei den beiden letztgenannten Kranen allerdings lagen bei gut 90 m. 2 Krane dieser Baureihe mit einer Hubkraft von je 125 Tonnen waren vermutlich im Besitz von F.W. Neukirch und Louis Fricke, ihrerseits ebenfalls Mitgliedsfirmen der Bohne Gruppe. Während bei dem K 1001 die Abstützungen bei einer quadratischen Stützbasis von gut 6 m noch mitgeführt werden konnten, indem sie quer zur Fahrtrichtung in den Auflieger eingeschoben wurden, so war dies bei den größeren Kranen dieser Reihe

Rosenkranz Sattelzug Autokran mit einer Kapazität von 200 Tonnen, dessen 4 seitliche Abstützungen eine Stützbasis von 9,6 m x 9,6 m bilden; auf eine Rückschlagsicherung für den Ausleger wurde bei diesem Einsatz verzichtet

nicht mehr möglich. Bei einer Stützbasis von mehr als 8 m x 8 m konnten zwar die vorderen Stützen eingeklappt werden, die hinteren jedoch mussten zum Straßentransport demontiert und separat transportiert werden. Bei dem K 2001, der im Folgenden beschrieben wird, waren die Abstützungen übrigens auf die gleiche Weise angeordnet.

Der K 2001

Als ersten, auch in der einschlägigen Fachpresse entsprechend gewürdigten Höhepunkt in der Entwicklung von Kranen mit immer höheren Tragkräften stellte Rosenkranz im Jahr 1966 einen Autokran vor, der in der Lage war, an einem 17,9 m langen Ausleger bei einer Ausladung von 5 m eine Last von 200 Tonnen anzuheben.

Andererseits konnte er mit einem bis zu 64 m langen Hauptausleger ausgerüstet werden, auf den im Bedarfsfall ein bis zu 32 m langer, in seiner Ausladung verstellbarer Spitzenausleger aufgesetzt werden konnte. So war eine maximale Auslegerlänge von 96 m erzielbar. In dieser Form aufgebaut, konnte der Kran beispielsweise bei einer Ausladung von 34 m noch eine Masse von 6,5 Tonnen auf eine Höhe von etwa 64 m anheben. In einer Pressenotiz war er werbewirksam, aber dennoch korrekt als „der leistungsfähigste Autokran der Welt" angekündigt worden. Anlässlich einer Probebelastung während der Abnahme hob der K 2001 eine Güterzug-Dampflokomotive der Baureihe 50 mit einer Masse von 78 Tonnen bei einer Auslegerlänge von 70 m, davon 6 m Spitzenausleger, und einer Ausladung von bis zu 16 m problemlos auf eine Höhe von um die 65 m. Als Kraftquelle für die 3 Windwerke – zwei Hubtrommeln und das Ausleger-Einziehwerk – diente ein Dieselmotor mit 140 PS. Das Gegengewicht mit einer Masse von 40 Tonnen war um fast 3 Meter ausfahrbar hinten am Oberwagen angeordnet. Da das Fahrerhaus der Kranzugmaschine weit nach vorne gesetzt war und daher einen ausreichend bemessenen Abstand von dem Oberwagen des Kranes besaß,

Aufrichten einer 45 m langen Kolonne mit dem Rosenkranz K 2001 Autokran gegen Ende der 60er Jahre; Unterstützung findet er bei dieser Aktion von 2 Rosenkranz Autokranen mit einer Kapazität von jeweils 125 Tonnen, die im Tandem arbeiten; 2 weitere, kleinere Krane führen gemeinsam das Ende der Kolonne entsprechend dem Hubfortschritt nach

Der K 2001, ausgerüstet mit dem Schwerlast-Auslegerkopf, hebt vermutlich zu Testzwecken eine Masse von 147 Tonnen an, bei der es sich um einen Walzenrohling handelt; das Hubseil ist für diesen Hub 12-fach eingeschert

Foto: Hans Pairan

war der Ausleger auch bei ausgefahrenem Gegengewicht unbegrenzt um 360° schwenkbar, ohne dass die Zugmaschine erst umständlich vom Auflieger hätte abgekuppelt werden müssen. Bei dem Kranoberwagen war auf eine Abdeckung nach oben verzichtet worden, da der A-Bock beim Transportieren der Einheit auf der Straße möglichst tief abgesenkt werden musste, um die auf öffentlichen Straßen zulässige Transporthöhe noch einhalten zu können. Der Kranteil wurde von Rosenkranz konstruiert und zum größten Teil in den eigenen Werkstätten zusammengebaut. Der Haupt- und der Wippausleger stammten von Mannesmann. Die 3-achsige Frontlenker-Zugmaschine mit einer Motorleistung von 340 PS steuerte Faun bei, und den 2-achsigen Sattelauflieger, auf dem der Kranoberwagen montiert war, baute Kässbohrer in Ulm. Das Transportgewicht auf öffentlicher Straße betrug 56 Tonnen, und die Zuglänge lag bei 15 m. Um während des Betriebes als Kran die Reifenelastizität auszuschalten, wurden die Räder des Sattelaufliegers und die Hinterräder der Zugmaschine im aufgerüsteten Zustand mittels der Abstützungen entlastet und ggf. auch angehoben. Hierbei musste auch für eine waagerechte Position des Kranoberwagens gesorgt werden. Die Kranfahrerkabine war, wie bei den späteren Kranen auch, direkt zwischen den beiden Ausleger-Anlenkpunkten angeordnet und ermöglichte dem Kranführer eine optimale Sicht auf den Arbeitsbereich. Dieser Kran war über mehrere Jahrzehnte im Einsatz und hat eine Vielzahl von teils bemerkenswerten Hüben ausgeführt, wie beispielsweise in Zusammenarbeit mit 2 weiteren Kranen das Einheben einer 145 Tonnen wiegenden Kolonne auf ihre Fundamente und die Montage eines 500 Tonnen Bockkranes für eine Werft in Bremen. Es bleibt noch festzuhalten, um einem möglichen Missverständnis vorzubeugen, dass es sich bei der in der ursprünglichen Lackierung an den Seitenblechen des Oberwagens des K 2001 vorhandenen Beschriftung „400 Tonnen" nicht um die Tragkraft eines einzelnen Rosenkranz Kranes handelte, wie man durchaus vermuten könnte, sondern um die Angabe der kombinierten

Rosenkranz K 5001 im Jahr 1971 auf dem Areal der ehemaligen Interatom in Bensberg bei Köln; mit Hilfe von Hydraulikzylindern an den Abstützungen wurde der Oberwagen auf leicht abschüssigem Gelände in eine waagerechte Position gebracht; aus diesem Grund haben die Räder des 3-achsigen Nachläufers kaum Bodenkontakt

größten Hubkraft von mehreren Kranen. Denn im „Kleingedruckten" neben der Zahl „400" war zu lesen: „Kombinierte Kranleistung". Ein einzelner Autokran mit einer Hubleistung von bis zu 400 Tonnen stand Rosenkranz in den 60er Jahren nicht zur Verfügung (von einem K 4001 auf einem dann einteiligen Fahrgestell werden wir in den 70er Jahren hören).

Der K 5001

Als kleine Sensation, und mit entsprechendem Interesse seitens der einschlägigen Fachpresse, wurde im Februar 1969 anlässlich seines ersten Einsatzes in Duisburg der nächste Großkran vorgestellt. Es handelte sich um ein Gerät mit einer Tragfähigkeit von nun bereits 500 Tonnen, und damit wieder einmal in einer zuvor für Autokrane nicht für möglich gehaltenen Dimension. Und so konnte die Fachpresse abermals titeln: „Der größte Autokran der Welt!" Um diese Zeit umfasste der Fahrzeugpark der Bohne-Gruppe, zu der Rosenkranz als bedeutendste Mitgliedsfirma bekanntlich bereits seit langem gehörte, bereits über 170 Autokrane, und nebenbei erwähnt auch eine Flotte von um die 600 Tiefladern und weiteren Spezialfahrzeugen.

Konstruiert worden war der K 5001, wie seine kleineren Vorgänger, als Gelenkzug. Seine Hauptkomponenten bestanden aus einer 4-achsigen Faun Sattelzugmaschine mit einem 300 PS Motor, einem 3-achsigen Nachläufer mitsamt Sattelaufhängung von Scheuerle, dem von Krupp vorgefertigten Oberwagen und dem von Thyssen gefertigten Gittermastsystem. Die Fertigmontage erfolgte, wie üblich, weitgehend bei Rosenkranz selbst. Mit dem Sattel war der Drehtopf fest verbunden, auf dem der Oberwagen um 360° schwenkbar gelagert war. Die 4 mit diesem zentralen Topf in sternförmiger Anordnung zu verbolzenden Abstützarme gaben dem Kran bei einer Basis von 13,50 m x 13,50 m eine hohe Standsicherheit. Im Gegensatz zu den am Rahmen befestigten Abstützungen herkömmlicher Bauweise boten diese außerdem den Vorteil, dass die im Kranbetrieb auftreten-

Der Oberwagen des maximal 500 Tonnen hebenden Autokranes; die Kranführerkabine befindet sich zwischen den beiden Ausleger-Anlenkpunkten; gut sichtbar sind auch 3 der 4 sternförmig am Topf angeordneten Abstützungen und die Sattelkupplung, die den Kranunterwagen mit der Faun Zugmaschine verbindet

Der zum Zeitpunkt dieser Aufnahme im Jahr 1978 bereits auf eine Hubkraft von 600 Tonnen verstärkte, zuvor als K 5001 bezeichnete Sattelzugkran; hier hat er gemeinsam mit 2 Manitowoc Raupenkranen des Typs 4100 den Gegengewichtsausleger eines im Bau befindlichen 240.000 m² Absetzers für den Tagebau Hambach auf Einbauhöhe gezogen; an dem Hauptmast angebaut ist ein Schwerlast-Spitzenausleger

den Kräfte direkt vom Topf aus zentral in den Boden eingeleitet wurden. Entsprechend wurde der Fahrzeugrahmen entlastet. Der Hauptausleger ließ sich aus Einzelschüssen bis auf eine Länge von 109 m zusammensetzen. Bei Bedarf für eine größere Hubhöhe war durch den Anbau eines 75 m langen, wippbaren Spitzenauslegers an den in diesem Fall bis zu einer Länge von 85 m verlängerbaren Hauptausleger eine maximale Gesamt-Auslegerlänge von 160 m realisierbar. Der Hauptausleger wies den bemerkenswerten Querschnitt von 2970 x 2470 mm auf. Für den normalen Betrieb standen 650 m Hubseil zur Verfügung, und bei Bedarf konnte das Seil bis zu 18-fach eingeschert werden. In diesem Fall waren es also beeindruckende 36 Seilstränge, die jeweils eine Zugkraft von bis zu 15 Tonnen aufnehmen konnten. Durch die 6 automatisch mitgelenkten Pendel-Halbachsen des Nachläufers war trotz der beachtlichen Gesamtlänge des Zuges von über 18 m bei einem Gewicht von 80 Tonnen während des Straßentransports selbst das Befahren von relativ engen Kurven möglich. Die Breite über alles betrug knapp 3 m. Der gesamte Antrieb der 3 Windwerke und des Schwenkwerkes für den Oberwagen erfolgte hydraulisch mit Hilfe eines 200 PS Dieselmotors. Das durch den Oberwagen aufzunehmende Gegengewicht in Gestalt von „handlichen", per Kran an den Oberwagen anzuhängenden Bleibehältern lag, in Abhängigkeit von dem Einsatz, bei bis zu 135 Tonnen.

Der erste Einsatz des 500 Tonners war gleich recht spektakulär, handelte es ich doch um die Montage des seinerzeit weltgrößten, etwa 100 m hohen Bockkranes mit einer Tragkraft von 840 Tonnen auf einer Werft in Irland. Stückgewichte von bis zu 135 Tonnen mussten gezogen werden. Später hob der K 5001 auf einer Werft in Marselle als Ersatz für einen ausgefallenen Kran millimetergenau Stahlbauteile für einen Schiffsneubau ein. Seine Haupt-Einsatzbereiche war jedoch zweifellos die Industriemontage und das Bauwesen. Als Beispiele für den ersten Bereich wären Raffinerien sowie Chemie- und Stahlwerke zu erwähnen, für das Bauwesen insbesondere die Montage von Kesselhäusern für Kraftwerke und das Umsetzen von Brücken in einem Stück. Zu dem letztgenannten Einsatzbereich zählten aber beispielsweise auch die Mithilfe beim Bau des Olympiastadions in München und die Montage von einzelnen Fahrbahn-Segmenten der Köhlbrandbrücke in Hamburg.

Im Jahr 1973 wurde der Kran konstruktiv verstärkt und erhielt anschließend die neue Bezeichnung K 6001, hatte also eine Traglaststeigerung auf

K 6001 vor einem Absetzer der RWE-Power (ehemals Rheinbraun), an dessen Montage er mitgewirkt hat; der A-Bock ist bereits transportbereit abgelegt; die sternförmig angeordneten Abstützungen allerdings wurden noch nicht demontiert

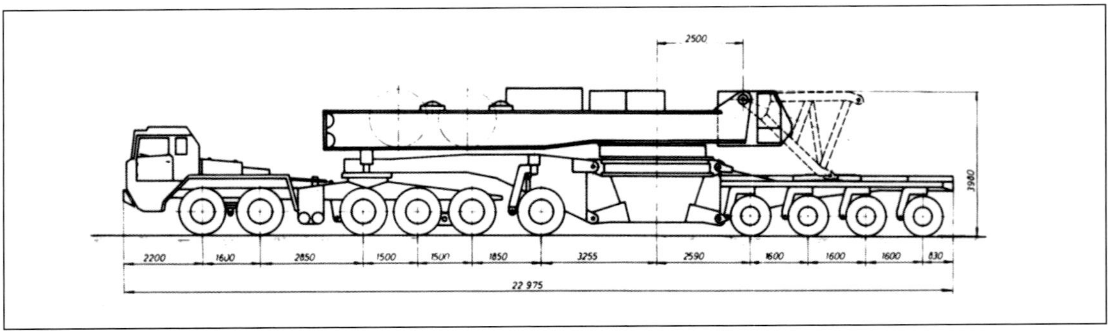

Maßzeichnung des K 10001; dargestellt ist er in Seitenansicht nach der Demontage von einigen Teilen, vorbereitet für den Transport auf öffentlicher Straße

600 Tonnen erfahren. Gegen Ende der 70er Jahre hob er in Wesel eine hölzerne, 45 m hohe Kirchturmspitze mit einer Masse von 70 Tonnen auf einen Turmstumpf, der seinerseits 46 m hoch war. Für diese Aktion benötigte man alles in allem nur rund 3 Stunden. Auch an Montagearbeiten beim Bau von mehreren Schaufelradbaggern und Absetzern im rheinischen Braunkohlenrevier war der K 5001/K 6001 beteiligt.

Der K 10001

Bereits 2 Jahre nach der Indienststellung des K 5001 im Jahr 1971, die Firma Paul Rosenkranz war zu jener Zeit bereits längst zum größten deutschen Kranverleihunternehmen aufgestiegen, wurden die Grenzen des technisch machbaren ein weiteres Mal um ein Stück nach oben verschoben, und zwar bezogen auf die maximale Tragkraft eines einzelnen Autokranes sogar gleich um erstaunliche 100 Prozent. Denn im Jahr 1971 stellte Rosenkranz einmal mehr einen weltgrößten Autokran in Dienst. Auch dieser Gigant mit einer Tragfähigkeit von 1000 Tonnen, der ohne Zweifel im Nachhinein als der Höhepunkt der von Rosenkranz initiierten Kranentwicklungen bezeichnet werden muss, war als Sattelzug ausgelegt. Und auch er war nach eigenen Plänen gebaut worden, in diesem Fall unter besonders tatkräftiger Mithilfe von namhaften Firmen. So zeichneten Demag, Krupp und Thyssen verantwortlich für den Bau von Oberwagen und Gittermastausleger. Den 4-achsigen Plattformwagen in der Funktion eines Nachläufers und den Unterwagen mit den beiden in Fahrtrichtung vor dem Drehtopf angeordneten Rädern lieferte Scheuerle. Letztere waren hydraulisch anzuhebenden, um das Rangieren zu erleichtern, sobald im Baustellenbereich nicht mehr auf das Einhalten der von den Behörden vorgegebenen Achslasten geachtet werden musste. Das 5-achsige Zugfahrzeug schließlich war wieder einmal, wir ahnen es bereits, bei dem bekannten Fahrzeughersteller Faun gebaut worden. Es wurde von einem 340 PS leistenden Motor angetrieben. Ein weiterer Dieselmotor mit einer Leistung von 426 PS, der wie die Windwerke zwischen den beiden Kastenträgern des Oberwagens angeordnet war, sorgte für den Antrieb der Aggregate des Kranoberwagens.

Auch dieser Kran konnte noch auf öffentlichen Straßen verfahren werden, allerdings nur ohne den selbstverständlich bis auf das Fußstück demontierten Ausleger, ohne das Heckteil des Oberwagens mit dem kompletten Windwerk für das Aufrichten und das Verstellen des Auslegers, ohne den A-Bock zum Aufrichten des Auslegers und ohne die Gegengewichte. Die Transportlänge betrug 23 m bei einer Breite über alles von 3,25 m und einem Gewicht von 118 Tonnen. Um eine passable Wendigkeit zu erzielen, waren 8 der insgesamt 10 Achsen zwangsgelenkt. Die hinteren 4 Achslinien waren im Bedarfsfall auch manuell über ein Hydrauliksystem steuerbar.

Die zulässige Länge des Hauptauslegers betrug 125 m. Die maximal zu kombinierenden Längen von Haupt- und Spitzenausleger, 97 m und 105 m, ergaben zusammen eine bis zu diesem Zeitpunkt unerreichte Ausleger-Gesamtlänge von 203 m. Mit einem anders zusammengestellten Ausleger, nämlich mit einem 93 m langen Hauptausleger und einem 87 m messenden Wipp-Spitzenausleger, konnte der Kran bei einer Ausladung von 72 m, die einem Winkel zur Senkrechten von 70° entsprach, noch eine Masse von 9 Tonnen weit über 100 m in die Höhe befördern. Mit einer Ausladung von 125 m (!) schaffte er immer noch 3 Tonnen bei vergleichbarer Hubhöhe. Die beiden Haupthubwerke konnten für den Schwerlast-

Der neue 1000 Tonnen Autokran der Firma Rosenkranz während des Aufrüstens vor seiner ersten größeren Bewährungsprobe, der Montage eines Kesselhauses für das Braunkohlenkraftwerk in Niederaussem; man beachte die zu diesem Zeitpunkt noch vorhandene Kennzeichnung der Gegengewichte mit „K 7001"

Ein weiteres Foto des K 7001, aufgenommen am selben Tag, aber von der anderen Seite; überraschend ist, wie es im Vergleich zu dem vorhergehenden Bild sofort auffällt, dass die Beschriftung mit dem Schriftzug „Rosenkranz" zu diesem Zeitpunkt nur auf der linken Seite des Kranoberwagens vorhanden ist

betrieb mit 2 Hubseilen synchron geschaltet werden. Auch ein Hilfshub mit einer wesentlich höheren Seilgeschwindigkeit stand zur Verfügung. Mit der maximalen Auslegerlänge aufgerüstet, lag das Einsatzgewicht bei 810 Tonnen, und beim Transport von Einsatzstelle zu Einsatzstelle per Bahn waren hierfür 37 Güterwaggons erforderlich. Lediglich das Grundgerät und die direkt mit diesem in Zusammenhang stehenden Ausrüstungsteile wurden üblicherweise auf der Straße transportiert. Noch eine Zahl: die Hakenflasche mit 12 Umlenkrollen besaß das stattliche Gewicht von 7,7 Tonnen.

In Ergänzung zu dem Artikel über Autokrane im Jahrbuch für Schwertransporte 2005, in dem der K 10001 bereits kurz vorgestellt worden ist, soll im Folgenden nun hauptsächlich auf die einsatztechnische Seite eingegangen werden.

Einsätze des K 10001

Nach einem ersten Testeinsatz, dem Umschlag eines 180 Tonnen schweren Papierglättzylinders aus einem Kanalschiff auf einen Tieflader, sollte der erste länger andauernde Einsatz des K 10001 in der Montage der Stahlteile eines Kesselgerüstes für ein Braunkohlekraftwerk in Niederaussem bestehen. An diesem Ort wurde er am 26. November 1971 offiziell als 1000 Tonnen hebender Autokran der Presse vorgestellt. Lediglich die gut erkennbare Bezeichnung der Gegengewichte und vieler Auslegerteile mit K 7001 deutete noch wenige Tage vor diesem Termin darauf hin, dass der Kran ursprünglich für eine Hubkraft von „nur" 700 Tonnen ausgelegt worden war.

Aufgerüstet war er mit einem 97 m langen Hauptausleger und einem Wippausleger von 69 m Länge, zusammen also 166 m. Die maximale Montagehöhe auf dieser Baustelle lag bei 125 m. Bei Ausladungen von bis zu 56 m ab Drehmitte wurden Stahlteile bis zu einer Masse von 40 Tonnen eingebaut.

Doch bereits im Verlauf des nächsten Monats, die Montagearbeiten an der Kraftwerksbaustelle waren bei weitem noch nicht abgeschlossen, erreichte die Firma Rosenkranz ein dringender Notruf aus München. Der K 10001 wurde möglichst kurzfristig auf der Baustelle des dortigen Olympiastadions benötigt. Die 68 Tonnen wiegende Pressekabine war während ihrer Montage abgerutscht und konnte nun nicht mehr auf die ursprünglich vorgesehene Weise an ihren Bestimmungsort transportiert werden. Die Situation stellte sich damals, hauptsächlich aufgrund des engen Zeitplans auf der Baustelle, durchaus als dramatisch dar. Kein anderer Kran mit der erforderlichen Kapazität, der unter den im Stadion gegebe-

Ein Foto, das in eindrucksvoller Weise die ungewöhnlichen Einsatzbedingungen des K 10001 anlässlich des Alarmeinsatzes bei der Montage der Pressekabine im Münchener Olympiastadion Ende des Jahres 1971 verdeutlicht; der Auslegerkopf muss mit größter Vorsicht unterhalb des Zeltdaches geschwenkt werden

Der K 10001 in betriebsbereitem Zustand mit nach rückwärts geschwenktem Ausleger im Juli 1973, die 8 Halbachsen des Nachläufers sind entlastet; im Hintergrund ist ein Teil des zum Braunkohlenkraftwerk Neurath gehörenden Kesselgerüstes abgebildet, das mit Hilfe des Kranes montiert wird

Blick aus luftiger Höhe auf den K 10001, hier zu sehen im Juli 1972 beim Bau eines Erdgaskraftwerkes in Meppen; besonders gut sichtbar ist die aus der üblichen Perspektive wesentlich schwieriger auszumachende Vorrichtung zur Aufnahme der 4 Abspannseile des Auslegers am A-Bock, die in der Form einer Wippe gestaltet ist

Das Bild vom April 1974 zeigt den K 10001 beim Bau des Kesselgerüstes für ein Steinkohlekraftwerk in Weiher im Saarland; die Gegengewichte sind im hinteren Bereich höher angeordnet, um ein ungestörtes Schwenken des Oberwagens über die Kabine der Zugmaschine hinweg zu ermöglichen

Der von der Sonne angestrahlte K 10001 im Einsatz in Gelsenkirchen-Scholven während der Montagearbeiten für einen neuen Block des dortigen Steinkohlekraftwerkes im März 1977; gut zu erkennen sind besonders die in einer Ebene liegenden Anlenkpunkte für Ausleger und A-Bock

Gesamtansicht des K 10001; die vorderen beiden Abstützungen sind auf je 2 großen Stahlplatten gelagert, um den an dieser Stelle wenig tragfähigen Untergrund nicht übermäßig zu belasten, während die im Vergleich eher punktförmigen hinteren Abstützungen darauf schließen lassen, dass die in diesem Bereich entstehenden hohen Flächenpressungen problemlos in den ausreichend tragfähigen Untergrund abgeleitet werden

Blick aus seitlicher Position auf den Oberwagen des K 10001 mit den beiden Haupthubwerken, von denen eines in diesem Einsatzfall zum Verstellen der Neigung des Wippauslegers genutzt wird, sowie dem Doppeltrommel-Einziehwerk für den Ausleger

Der auf etwa 140 m bis 150 m Länge aufgerüstete Ausleger des K 10001 während der Montage eines 125 m hohen Kesselhauses auf dem Gelände des Braunkohlenkraftwerkes Neurath; „nebenbei" zeigt die Abbildung gleich 3 Baukrane aus längst vergangenen Zeiten, von links einen Peiner Turmdrehkran der T-Serie und einen Liebherr Kletterkran mit Nadelausleger Form 50 HB sowie einen Kaiser Kletterkran HBK 50, der zweifelsfrei an seinem Knickausleger zu identifizieren ist

Nachteinsatz des K 10001 bei der Montage einer Rohrleitungsbrücke im Bayer Werk Uerdingen, die in einem Hub vom Ort ihres Zusammenbaus aus auf die Widerlager gesetzt werden soll; die Baustelle ist (beinah) taghell durch Scheinwerfer ausgeleuchtet

nen Verhältnissen überhaupt einzusetzen war und der vor allem auch binnen weniger Tage heranzuschaffen sowie anschließend ohne allzu aufwändige Vorbereitungen aufzubauen war, wäre in der Lage gewesen, diesen Voraussetzungen auch nur annähernd zu entsprechen. Nachdem in einer Krisensitzung alle betroffenen Parteien unter diesem Druck den Beschluss gefasst hatten, den Einsatz in Niederaussem abzubrechen, wurde in höchster Eile der Abbau des Kranes auf der Kraftwerksbaustelle in Angriff genommen. Eine derartig kurzfristig durchgeführte Aktion ist für einen Kran dieser Größenordnung sicherlich einzigartig geblieben. Der anschließende Straßentransport nach München musste trotz Überbreite sogar tagsüber unter Polizeibegleitung stattfinden, um auf diese Art wertvolle Zeit einzusparen. Die extrem beengten Arbeitsbedingungen unterhalb des Zeltdaches des Olympiastadions, unter dem der Ausleger durchschwenken musste, erforderten bei einer Mastlänge von 65 m eine Ausladung von bis zu 60 m bei einem extrem flachen Winkel des Auslegers von wesentlich unter 45°.

Im April bzw. Dezember 1972 war der K 10001 das Schlüsselgerät bei der Montage der beiden je 135 m hohen Pylonen der Köhlbrandbrücke in Hamburg. Interessanterweise wurde er zu diesem Zweck, in Abhängigkeit von der Masse der zu hebenden Stahlteile und der Hubhöhe, mit 3 verschieden langen Wippauslegern ausgerüstet. An den 81 m langen Hauptausleger wurden nacheinander Spitzenausleger von 27 m, 45 m und 63 m Länge angebaut. Demzufolge lag die Auslegerlänge schließlich bei 144 m. Das schwerste Einzelteil war das 110 Tonnen schwere Fußstück, die Teilstücke der Pylonstiele brachten bis zu 75 Tonnen auf die Waage. In lediglich je 7 Hubtagen konnten pro Pylon 700 Tonnen an Stahlbaukonstruktionsteilen eingebaut werden. Die Dimensionierung der einzelnen Bauteile war übrigens in Zusammenarbeit zwischen den beteiligten Firmen unter Abstimmung auf die Tragfähigkeit des Krans hin erfolgt mit dem Ziel, die Anzahl der zu hebenden Komponenten möglichst zu minimieren.

Im April und Mai 1973 arbeitete der Kran an 2 Einsatzorten in Berlin. Zunächst hatte er bei einer

Vermutlich der schwerste einzelne Hub, den der K 10001 je zu bewältigen hatte, war ein Druckgefäß mit einer Masse von 430 Tonnen, das 1976 in einer Raffinerie bei Lingen aufgestellt wurde; einer der Krane aus der K 5000 Serie, im Vordergrund aufgestellt, führt den Reaktor von der horizontalen Lage bis in die Vertikale nach, wobei der größere Kran einen sich kontinuierlich vergrößernden Anteil an der Last übernimmt

Mastlänge von 168 m einen Turmdrehkran vom Dach eines 122 m hohen Hochhauses herunter zu heben. Daran anschließend montierte er einen 165 m hohen Schornstein für ein Kraftwerk; zu diesem Zweck war der Kran ausgerüstet mit 93 m Hauptausleger und 81 m Wippausleger, zusammen also 174 m.

Zu erwähnen sind auch einige weitere Kraftwerksbaustellen aus den Jahren zwischen 1972 und 1977, auf denen die Stahlgerüste von Kesselhäusern bis zu einer Höhe von 130 m zu montieren waren und die ich besuchen konnte. Nähere Hinweise sind den jeweiligen Bildunterschriften zu entnehmen.

Diese Aufnahmen stammen von unterschiedlichen Baustellen und somit auch aus verschiedenen Jahren. So lässt sich als Nebeneffekt auch die Wandlung der Beschriftung an den Seitenblechen des Oberwagens nachvollziehen, von „Rosenkranz" über „Bohne" bis hin zu „AKR".

Noch im Oktober 1974, bereits nach dem Konkurs der Bohne-Gruppe (siehe weiter unten), war im Bayer Werk in Krefeld-Uerdingen eine Rohrbrücke mit einer Länge von 78 m und einer Masse von 190 Tonnen, die über eine Bahnstrecke führen sollte, auf ihre Fundamente zu heben. Dieser bereits lange zuvor geplante Hub war der letzte, der unter dem Namen der alten Betreiberfirma stattfand. Er kam nur noch zur Ausführung, um es nicht zu unüberschaubaren Schadenersatz-Forderungen seitens des Kunden kommen zu lassen. Denn kein anderer Kran wäre unter den gegebenen Einsatzbedingungen in der Lage gewesen, diesen Hub auszuführen, der übrigens weniger als eine halbe Stunde dauerte.

2 Jahre später – aus der Firma Rosenkranz war inzwischen längst die Firma AKR Rosenkranz-Richter hervorgegangen – führte der K 10001 seinen schwersten einzelnen Hub aus. Bei dieser Gelegenheit setzte er Maßstäbe, indem er eine der größten Massen umsetzte, die bis zu diesem Zeitpunkt überhaupt irgendwo auf der Welt mittels eines einzelnen Autokranes bewältigt worden war. In einer Raffinerie war ein 430 Tonnen schwerer Reaktor auf seine Fundamente zu stellen. Beim Anheben des Kolosses vom Tieflader in horizontaler Lage und beim anschließenden Aufrichten in die vertikale Position assi-

2 Schwimmkrane mit einer Kapazität von je 100 Tonnen sind erforderlich, um den K 10001 im Überseehafen von Bremen in ein Schwergutschiff zu heben; anschließend erfolgte auf dem Seeweg der Transport in die Türkei

Der Großkran K 10001 in Transportstellung; lediglich die beiden vor dem Topf angebrachten Räder müssen vor Beginn der Straßenfahrt noch hydraulisch abgesenkt werden, um die auf öffentlichen Straßen zulässigen Achslasten nicht zu überschreiten

Eine weitere Ansicht des transportbereiten K 10001, diesmal aus rückwärtiger Position aufgenommen; das Fußteil des Auslegers ist auf dem Nachläufer abgelegt; an dem Topf sind einige der Befestigungspunkte für die seitlichen Abstützungen zu erkennen

Detailansicht des Oberwagens; gut sichtbar ist der hydrostatische Antrieb des Ritzels, das seinerseits zum Antrieb des Ausleger-Hubwerkes dient; das Ritzel überträgt das Antriebsmoment auf das Zahnrad, das zu dem auf dem Foto noch nicht angebauten Heckteil des Oberwagens gehört. Dieses wird erst am Einsatzort montiert

stierte einer der weiter unten noch beschriebenen Rosenkranz Autokrane auf einrahmigem 8-Achs-Fahrgestell mit einer Kapazität von 500 Tonnen, indem dieser den Reaktor entsprechend nachführte. Einschließlich der Anschlagmittel lag das bei einer Ausladung des 37 m langen Auslegers von 15 m zu bewältigende Gewicht sogar bei 450 Tonnen.

Im Jahr 1976 waren für ein Chemiewerk in der Türkei mehrere schwere Reaktorbehälter zu installieren. Zu diesem Zweck wurde der seinerzeit größte Autokran der Welt angefordert. Weil ein Landtransport zu risikoreich erschien, zog man den Seeweg vor. In Bremen wurde das rund 120 Tonnen schwere Grundgerät des K 10001 gemeinsam durch 2 aneinander gekoppelte 100 t Schwimmkrane angehoben und in ein Schwergutschiff verladen. Es folgten weitere 500 Tonnen an Zubehör, wie Auslegerteile und Gegengewichte. Am Zielort angekommen, der übrigens nur 500 m entfernt vom vorgesehenen Montageort lag, musste der Frachter unter Mithilfe eines Raupenkranes seine Lasten mit dem bordeigenen Ladegeschirr löschen, da entsprechend leistungsfähige Krane am Kai nicht zur Verfügung standen. Der Einsatz selbst lief mit der gewohnten Präzision ab.

Ebenfalls im gleichen und noch einmal im folgenden Jahr 1977 wurden in Belgien am Boden vollständig zusammengebaute Stahlkuppeln mit einer Masse von jeweils 120 Tonnen auf die Reaktorgebäude von im Bau befindlichen Kernkraftwerken aufgesetzt.

Das Aufrüsten des K 10001 auf der Baustelle

In diesem Zusammenhang sei auch mit einigen Anmerkungen auf die verschiedenen Phasen des Auf- bzw. Abbaus des K 10001 eingegangen. Ein derartiger Vorgang konnte sich jeweils, natürlich in Abhängigkeit von der erforderlichen Auslegerlänge und von sonstigen einsatzspezifischen Gegebenheiten wie dem zur Verfügung stehende Platz, über einen Zeitraum von bis zu 3 Tagen erstrecken.

Wie bereits erwähnt, mussten vor dem Transportieren auf öffentlichen Straßen aus Gewichtsgründen einzelne Teile des Oberwagens abgebaut und separat transportiert werden. Aber auch mit geteiltem Oberwagen und ohne den A-Bock wirkte das Grundgerät mit seinen insgesamt 10 Achslinien durchaus eindrucksvoll.

Der Tieflader, der speziell zum Transport des Oberwagen-Heckteils und des Rollenblocks umgebaut worden ist; die Seilstränge, die die beiden Teile miteinander verbinden, liegen auf der Ladefläche; man erkennt das Antriebsrad für das Ausleger-Windwerk, in das das auf dem vorhergehenden Bild abgebildete Ritzel eingreift

Der Rollenblock mit den Umlenkrollen und das noch anzubauende hintere Teil des Oberwagens hängen am Kranhaken; im Hintergrund ist der Oberwagen des K 10001 sichtbar mit dem bereits montierten A-Bock, der auf speziellen Stützen gelagert ist

Für den Aufbau von Grundgerät und Auslegersystem waren 2 Hilfskrane mit einer Kapazität von mindestens 60 Tonnen erforderlich. Zunächst wurde der per Tieflader antransportierte A-Bock in seinen Lagerpunkten, die auf der gleichen Achse wie die Anlenkpunkte des Auslegers lagen, befestigt.

Das Heckteil des Kranoberwagens mit dem Ausleger-Einziehwindwerk als seinem Hauptbestandteil sowie der mit diesem über Seile verbundene Rollenblock mit den Umlenkrollen wurden auf einem weiteren, speziell für den Transport dieser Komponenten hergerichteten Tiefladeanhänger angeliefert. Den Rollenblock, der später am freien Ende des A-Bocks befestigt werden sollte, könnte man von seiner Funktion her als Bindeglied zwischen den eingescherten Seilen des Ausleger-Hubwerks und den Ausleger-Nackenseilen bezeichnen. Mit den beiden Hilfskranen wurden diese beiden Bauteile, zwischen denen jedes der beiden Einziehseile nicht weniger als 17-mal eingeschert war, zeitgleich angehoben. Insgesamt handelte es sich also um immerhin 68 Seilstränge, die die Umlenkrollen am Heckteil des Oberwagens und den A-Bock miteinander verbinden sollten. Dann erfolgte das Verbolzen des Rollen-blokks, an dem sich auch die Anschlagpunkte für die 4 Ausleger-Nackenseile befanden, mit dem A-Bock.

Anschließend wurde der A-Bock, der von seiner Funktion her gesehen besser vielleicht als Aufrichtbock zu bezeichnen wäre, von einem der Hilfskrane angehoben, und gleichzeitig erfolgte mit Hilfe des anderen Kranes das Anbauen des Heckteils an die hierfür vorgesehene Stelle am Oberwagen. Das Anflanschen der in einem Winkel von 90° zueinander sternförmig zentral an dem Topf angeordneten Abstützungen lief im Allgemeinen zeitlich parallel hierzu ab.

An den Enden eines jeden dieser Stützträger befanden sich entsprechend dimensionierte Hydraulikzylinder, die den gesamten Kran frei vom Untergrund anheben und hierbei in eine waagerechte Position bringen konnten. Die Zylinder stützten sich hierbei, in Abhängigkeit von den auf der Einsatzstelle angetroffenen Bodenverhältnissen, jeweils auf eine oder 2 entsprechend schwer gebaute Stahlplatte(n)

Einpassen des Rollenblocks, in dem die Umlenkrollen zur Aufnahme der vielfach eingescherten beiden Seile des Ausleger-Hubwerkes 2-reihig eingebaut sind, an den A-Bock; Schwindelfreiheit ist die Voraussetzung für diese Tätigkeit; die Zugmaschine steht eingeknickt, um den Montagevorgang nicht zu behindern

Per Hilfskran wird der A-Bock angehoben, um Platz zu schaffen für das direkt anschließend mit einem weiteren Kran erfolgende Einschwenken des Oberwagen-Heckteils mit dem Ausleger-Einziehwerk; bei diesem Vorgang muss sorgfältig auf die richtige Lage der vielen Seilstränge geachtet werden

Der Oberwagen des K 10001 ist fertig montiert; hintereinander angeordnet sieht man den Dieselmotor sowie die einzelnen Hubtrommeln mit ihren hydraulischen Antrieben; die Abstützarme sind bereits angebracht, ebenso wie eine der seitlichen Plattformen zur Aufnahme der im Bereich des Unterwagens zu platzierenden Gegengewichte

Ein weiteres Teilstück des Hauptauslegers, das auf direkt an den Rohren befestigten maßgeschneiderten Radsätzen antransportiert wurde, steht bereit zur Montage; zur Linken erkennt man den bereits zusammengebauten Teil des Auslegers und einige bereits zuvor von einem kleineren Kran montierte Stahlträger des Kesselhauses

Bei beengten Platzverhältnissen auf einer Baustelle kann im Einzelfall der Wippausleger nicht in ausgestrecktem Zustand zusammengesetzt und angebaut werden, sondern nur in „eingeklappter" Form unterhalb des Hauptauslegers; während des Aufrichtens rollt er dann auf einer zu diesem Zweck an seiner Spitze angebrachten Rolle ab

Deutlich ist in der Anfangsphase des Aufrichtvorgangs ein Durchbiegen des Auslegers zu beobachten, und dies trotz seiner Abspannung an den vier Nackenseilen ungefähr auf halber Länge

Die zusätzlichen Gegengewichtsblöcke, die zum Aufrichten eines langen Auslegers aus statischen Gründen erforderlich sind und die auf den bereits vorhandenen Gegengewichten platziert worden waren, werden anschließend mit Hilfe eines Gittermastkranes wieder heruntergehoben

Der Aufbau des K 5002 ist fast beendet; als letzter Schritt werden mit Unterstützung eines Hilfskranes die Rückschlagsicherungen am Ausleger angebracht – man beachte als Größenvergleich die Arbeiter am Ausleger

in den Maßen 6,5 m x 2,1 m ab. Anschließend folgte das Anbauen der Gegengewichte mit einer Masse von insgesamt 320 Tonnen. Zur sicheren Aufnahme der Kästen musste zuvor allerdings erst ein spezieller Gegengewichtsrahmen angebaut werden.

Die Auslegersegmente mit einem Systemmaß von 2,25 x 3 m wurden selbsttragend recht einfach auf Achsen antransportiert, die direkt an den Rohren befestigt werden konnten. Die einzelnen Gittermastschüsse wurden per Kran in die passende Position gehoben und anschließend durch Verbolzen miteinander verbunden.

Nach dem Zusammenbau des Hauptauslegers bzw. des Auslegersystems erfolgten das Verspannen der Nackenseile sowie das Auflegen des Hubseils. Vor dem Aufrichten des Auslegers mussten, speziell bei längeren Auslegern, noch zusätzliche Gegengewichte aufgebracht werden, sofern diese aus statischen Gründen erforderlich waren. Beim anschließenden Aufrichtvorgang eines im Schnitt 80 m bis 100 m langen Hauptauslegers, an dessen Spitze häufig noch ein längerer wippbarer Spitzenausleger angebracht war, wurden Kranoberwagen und Ausleger extrem beansprucht, in jedem Fall stärker als beim reinen Kranbetrieb. Ein Indiz hierfür war die in dieser Situation aus einem entsprechenden Blickwinkel sehr deutlich zu erkennende elastische Durchbiegung des Auslegers, auch hervorgerufen durch den aus Gewichtsgründen erforderlichen Leichtbau.

Die Krane der Baureihe K 5000

An dieser Stelle ist eine kurze Rückblende erforderlich. Denn über die Betrachtung der vielfältigen Einsätze des K 10001 sind wir bereits zeitlich etwas zu weit in die „Zukunft" geraten. Bereits im Jahr 1972/73 kam gleich eine ganze, aus 3 Fahrzeugen bestehende Baureihe von Kranen hinzu, die ursprünglich lediglich als Geräte der 400 Tonnen Klasse mit einer möglichen Ausleger-Gesamtlänge von 141 m ausgelegt worden waren; folgerichtig wurde der erste Kran zunächst als K 4001 bezeichnet. Ihre Besonderheit bestand darin, dass sie als erste Autokrane dieser Größe überhaupt auf einem einteiligen Fahrgestell aufgebaut und daher wesentlich kompakter und besser zu manövrieren waren. Alle 3 waren nach bewährtem Muster von Rosenkranz konzipiert, bei Unterlieferanten in Auftrag gegeben und dort teilweise auch gebaut worden.

Die 8-achsig ausgelegten Kranträgerfahrgestelle, eine Aufsehen erregende Neukonstruktion, waren von Faun konstruiert und gebaut worden und wurden als KF 400.83/99 bezeichnet. Ihre Motorleistung lag bei 530 PS. 4 der Achsen waren angetrieben, und 7 gelenkte Achsen verliehen dem Fahrzeug eine in Anbetracht seiner Größe erstaunliche Wendigkeit. Noch im Verlauf des Jahres 1973 wurden alle 3 Krane gezielt verstärkt, so dass einheitlich nun eine höchstzulässige Tragkraft von jeweils 500 Tonnen möglich war. Konsequenterweise bezeichnete man sie daraufhin als K 5001, K 5002 und K 5003. Die Kranwinden und das Drehwerk wurden von einem 300 PS leistenden Dieselmotor hydrostatisch angetrieben. Die Fahrzeuglänge betrug 18 m, das Gesamtgewicht bei Straßenfahrt 96 Tonnen. Als Ausleger standen ein maximal 97 m langer Hauptausleger zur Verfügung, alternativ eine Kombination aus Haupt- und wippbarem Spitzenausleger mit einer größtmöglichen Länge von 160 m. Die Abstützbasis lag bei 14 m im Quadrat.

Und in diesen Zeitraum fiel der nunmehr auch offizielle Einstieg von Rosenkranz in den Großkranbau, eindeutig dokumentiert durch die Präsentation der Bohne-Gruppe als Kranhersteller auf der Bauma 1973 in München. Man stellte dort einen Kran mit einem einteiligen Fahrgestell aus dieser Serie aus, und zwar den über einen kurzen Zeitraum als K 4801 bezeichneten Großkran. Dieses Gerät avancierte, nicht nur in Anbetracht seiner ungewöhnlichen Auslegerlänge von 162 m, schnell zum Wahrzeichen der Ausstellung. Ein Verkaufsabschluss war allerdings nicht zu vermelden.

Im November 1973 war in Köln im Zuge einer Straßenbaustelle eine Betonbrücke quer über Bahngleise einzuheben. Zum Einsatz kam der K 5002. Unterstützung fand dieser auf der Brückenbaustelle durch den größten Kran der Firma Bodo Toense, gebaut von Gottwald, mit der Typenbezeichnung MK-600. Dieses Zusammenspiel mag als Beleg dafür dienen, dass man in der Bohne-Gruppe von Fall zu Fall auch Großkrane anderer Hersteller einsetzte. Dieses konkrete Gerät kam allerdings erst zu einem recht späten Zeitpunkt, nämlich im Rahmen der Übernahme der Firma Toense, in den eigenen Fuhrpark und wurde bald darauf umlackiert (s. das Bild im Schwertransport-Handbuch 2005 auf Seite 96, auf dem der Kran noch in der gelben Toense Originalfarbgebung zu sehen ist). Zwischenzeitlich war dessen maximale Tragkraft übrigens auf 550 Tonnen angehoben worden. Aber das Rückrat der Rosenkranz bzw. Bohne-Flotte, speziell was die Großkrane mit einer Kapazität

Die Fahrerkabine dieses Gottwald Sockelkranes vom Typ MK-600 ist im Gegensatz zu den Rosenkranz Großkranen seitlich vom Oberwagen angeordnet; in der nur recht kurzen Zeitspanne seiner Zugehörigkeit zur Bohne-Gruppe wurde dieses Gerät als K 5501 bezeichnet, nachdem die zulässige Hublast zuvor auf 550 Tonnen angehoben worden war

Der K 5002 während des Aufrüstens, im Vordergrund sichtbar ist einer der 4 Hydraulikzylinder, auf denen der Kran sich abstützt; das Bild dokumentiert auch die Entwicklung der Bezeichnungen für diesen Krantyp, denn einige der Gegengewichte sind noch mit K 4003 bzw. mit K 4001 gekennzeichnet, andere mit der späteren, aber auch nur kurzzeitig verwendeten Bezeichnung K 4802; in allen Fällen handelt es sich selbstverständlich, nach der Vereinheitlichung der Traglasten, um Geräte aus der Serie K 5000

von 200 oder mehr Tonnen betraf, bestand bis weit in die 70er Jahre in der Tat ausschließlich aus den beschriebenen selbstkonstruierten Kranen.

Weitere Großkrane und Projekte

Später gesellten sich dann zu der Flotte der Großkrane auch solche anderer namhafter Hersteller, wie beispielsweise der TC 1200 von Demag mit einer Kapazität von 250 Tonnen auf einem 7-achsigen Trägerfahrzeug und der 8-achsige Liebherr LG 1280, der maximal eine Masse von 280 Tonnen heben konnte. Über Toense kam zusätzlich zu dem bereits angesprochenen Gottwald Sockelkran auch noch ein weiterer Großkran hinzu, ein 7-achsiger Gottwald Autokran AK-300-78 mit einer Kapazität von 300 Tonnen.

Abermals nur kurze Zeit später, nämlich im Jahr 1974, erfuhr der interessierte Leser aus einschlägigen Fachzeitschriften, dass sich ein Autokran der nächsten Generation mit einer vorgesehenen Tragfähigkeit von 1600 Tonnen bei einem Ingenieurbüro in der Entwicklung befinde, wieder ausgelegt als Gelenkfahrzeug und vermutlich mit 12 Achslinien ausgestattet, um sein Transportgewicht, das allerdings 150 Tonnen nicht überschreiten durfte, entsprechend den einschlägigen Vorschriften auf die Straße bringen zu können. Die maximale Rollenhöhe des Auslegers sollte 215 m betragen, und erforderlich wären Gegengewichte mit einer Gesamtmasse von nicht weniger als 740 Tonnen gewesen. Ob diese Entwicklungsarbeiten möglicherweise von Firmen wie Rosenkranz oder Bohne mit initiiert wurden, ist unklar. Zum Bau dieses Gerätes kam es allerdings nicht, und das sicherlich Erfolg versprechende Konzept liegt demzufolge bis zum heutigen Tag in der Schublade.

In etwa zur selben Zeit übrigens ließ Schmidbauer, das bekannte Kranverleihunternehmen, verlauten, dass bei einem entsprechenden Bedarf ein selbstfahrender Autokran mit einer Kapazität von 2000 Tonnen durchaus im Bereich des technisch Machbaren sei.

Die Zeit nach Bohne

Gegen Ende September 1974 ging die Bohne-Gruppe, zu der Rosenkranz als Kernstück bereits seit Jahrzehnten gehört hatte, zunächst in Vergleich;

wenig später musste sie Konkurs anmelden. Noch im Februar 1973 hatte Bohne als letzten größeren Neuzugang die Firma Toense, die damalige Nummer 3 am deutschen Kranverleiher-Markt, übernommen. Hiermit kam Bohne als eindeutiger Marktführer auf einen Fuhrpark von rund 1600 Fahrzeugen, darunter etwa 550 Autokrane. Mit dieser Aktion jedoch hatte man sich offensichtlich übernommen, und der Konkurs zwang dann in Folge letztlich auch die Firma Rosenkranz zur Aufgabe.

Aber bereits ab dem 1. November des Jahres 1974 konnte „die Perle der ehemaligen Bohne Gruppe weiter glänzen", und „die größten Autokrane der Welt rollten wieder" (beides Zitate aus der Presse). Denn die Inhaber des Kranverleihunternehmens Richter aus Recklinghausen hatten die Firma Rosenkranz in Witten erworben, und damit gleichzeitig auch einen Großteil von deren Kranen inklusive sämtlicher Großgeräte. Zu diesem Paket zählten weiterhin auch alle Rechte an dem bekannten Namen, die man wiederum direkt von dem zu jener Zeit noch lebenden Firmengründer Paul Rosenkranz erwerben konnte. Im August 1983 jedoch kam dann auch für den Firmenverbund AKR/Rosenkranz das Ende. Daraufhin musste der bereits erteilte Bauauftrag für einen Autokran der 1500 Tonnen Klasse wieder storniert werden. Ein derartiger Riesenkran hätte das Spektrum des K 10001 nach oben hin erweitern oder diesen möglicherweise sogar ersetzen sollen. Ob ein Zusammenhang zwischen diesem Bauauftrag und dem zuvor erwähnten Projekt aus 1974 besteht, ist aus meiner Sicht nicht zu belegen.

Hiermit gehörte der Name der Firma Paul Rosenkranz, die seit mehreren Jahrzehnten weit über die Grenzen unseres Landes hinaus als Kranbauer und Kranbetreiber bekannt gewesen war, endgültig der Vergangenheit an. Das eine oder andere Mal tauchte der Name allerdings noch in Annoncen o.ä. auf, nämlich dann, wenn einer der ehemaligen Rosenkranz Krane zum Verkauf anstand. Die existierenden, von Rosenkranz initiierten und gebauten Großkrane wurden in alle Winde zerstreut. Der 1000-

Hier ist der K 10001 in der Lackierung des englischen Kranverleihunternehmens Baldwins abgebildet, fertig zum Straßentransport und aufgesattelt auf der zu diesem Zeitpunkt noch vorhandenen 5-achsigen Faun Zugmaschine

Tonner landete 1990/91 nach einigen Umwegen über 2 deutsche Kranverleiher in England bei der Firma Baldwins Industrial Services. Bei einer der beiden deutschen Kranverleihfirmen handelte es sich übrigens um die Firma Schmidbauer aus München, den ehemals großen Wettbewerber von Rosenkranz.

Bei der genannten englischen Firma wurde der K 10001 von Grund auf überholt und bei dieser Gelegenheit auch umfassend modernisiert. So erhielt er eine neue Fahrerkabine, die nun nicht mehr zwischen den Anlenkpunkten des Auslegers angeordnet war, sondern aus ergonomischen Gründen schwenkbar in einigem Abstand seitlich vom Oberwagen in Höhe des Ausleger-Fußstücks. Weiterhin wurde für den ehemaligen Rosenkranz Kran zumindest auf dem Papier ein Gegengewichtsausleger in Gestalt eines Heckmastes entworfen, der üblicherweise als Superlifteinrichtung oder auch als Derrickausrüstung bezeichnet wird. Durch die nun zusätzlich in einem Abstand von 24 m von der Drehachse angebrachten Gegengewichte sollte das Lastmoment des Kranes, gerade bei größeren Ausladungen, beträchtlich gesteigert werden. Vermutlich wurde dieses Vorhaben aber nicht realisiert. Der neue Besitzer bezeichnete das Gerät offiziell als „1000 Tonne Krupp K 10001 Mobile Crane".

Nachdem man bei Krupp-Kranbau in Wilhelmshaven (ehemals Krupp-Ardelt) die Fertigungsrechte an den beiden Großkranen erworben hatte, wurde der K 10001 in den einschlägigen, von diesem Hersteller in den Jahren 1975 bis 1979 herausgegebenen Prospekten nun als 1000GG vorgestellt, der 500-Tonner folgerichtig als 500GG. Letzterer wurde von Krupp als Raupenkran und sogar als ortsfest zu montierender Sockelkran beispielsweise für Bohrinseln angeboten. Der K 6001 wurde, nebenbei bemerkt, nicht mit in das Verkaufsprogramm übernommen.

Die Einsatzzeit des K 10001 in England endete allerdings bereits nach einigen Jahren, mit hoher Wahrscheinlichkeit, wie im Fall von Rosenkranz, abermals ausgelöst durch den Konkurs seiner Betreiberfirma. Zurzeit steht er, wenn man Informationen aus dem Internet Glauben schenken darf, bei einer Firma in den Niederlanden zum Verkauf, und dies bereits seit vielen Jahren. Dort ist er allerdings nicht mehr auf seiner ursprünglichen Faun-Zugmaschine aufgesattelt, sondern anstelle dessen auf einem Plattformwagen. Dieser ähnelt dem Nachläufer, der seit Inbetriebnahme des Kranes das hintere Fahrwerk bildet. Allerdings besitzt er im Gegensatz zu dem Nachläufer in jeder der 4 Achslinien 8 anstelle von nur 4 Rädern. Mit ziemlicher Sicherheit ist die Faun Zugmaschine bereits während der Betriebszeit des K 10001 in England ausgemustert und dort vermutlich auch verschrottet worden. Seit diesem Zeitpunkt setzte Baldwins den Kran nur noch zwischen den beiden Schwerlastmodulen ein, die als Fahrwerke für den Transport auf der Straße und auch im Baustellenbereich dienten. Baldwins übrigens hatte bereits 1975, also viele Jahre zuvor, einen der Rosenkranz 500 Tonner auf 8-Achs-Fahrgestell erworben. Eingestuft wurde dieser allerdings in England, ohne dass er zuvor substantiell verstärkt worden wäre, als Kran der 600 Tonnen Klasse. Diese Vorgehensweise ist sicherlich zum Teil erklärbar durch die etwa 10 % betragende Differenz des Tragkraftwertes zwischen metrischen Tonnen einerseits und den auf der Insel seinerzeit und auch noch heutzutage gebräuchlichen short tons andererseits. Dieser selbe Kran wurde 1988, ebenfalls durch den Anbau einer Superlifteinrichtung sowie durch weitere strukturelle Verstärkungen, auf eine theoretische Hubleistung von 1000 Tonnen (short tons) gebracht.

Geräte aus der K 5000 Serie schließlich kamen über einen längeren Zeitraum auch bei Firmen wie Toense in Deutschland sowie Fostrans in Frankreich zum Einsatz.

Über den momentanen Standort der K 5000 Autokrane, wie auch über den der weiteren hier vorgestellten Rosenkranz Großkrane mit Ausnahme des K 10001, liegen mir leider keine gesicherten Kenntnisse vor. Demzufolge ist für mich nicht feststellbar, welche dieser Geräte überhaupt bis heute noch ihren Dienst bei einem Kranverleiher oder möglicherweise auch irgendwo als stationäre Krane verrichten.

Wie dem auch sei, in jedem Fall hat die Firma Rosenkranz, eingebunden in die Bohne-Gruppe, mit ihren einzigartigen, durchweg in eigener Regie entwickelten Großkranen ein bemerkenswertes Kapitel Technikgeschichte geschrieben.

Abschließend sei noch auf das durchaus aussagekräftig gestaltete Firmenlogo der Firma Rosenkranz hingewiesen (siehe erste Seite), das in den 50er Jahren entstand und das immerhin bis in die frühen 70er Jahre hinein Verwendung gefunden hat. Der in ihm enthaltene Satz war, wie ich es im Übrigen einem älteren Firmenprospekt entnommen habe, sicherlich auch als das Leitwort des Kranverleihunternehmens zu verstehen.

Einer der ehemaligen Rosenkranz Krane aus der Baureihe K 5000, der durch verschiedene Umbaumaßnahmen, die als entscheidenden Punkt auch den Anbau einer Derrickausrüstung umfassten, bei Baldwins auf eine maximale Hubkraft von 1000 short tons gebracht worden war

Liebherr Großkrane LTM 1500 im Einsatz

von Günter Hoffmann

Gleich vier dieser Großkrane LTM 1500 von Liebherr kamen im Mai 2004 bei Kleinbremen auf der A2 zum Einsatz. Die A2 sollte auf drei Fahrbahnen erweitert werden. Aus diesem Grund musste ein etwa 170 Meter langer Betonbinder in handliche Stücke zerlegt und in die Tiefe abgelassen werden. Jeder dieser vier Krane war mit je 135 Tonnen Gegengewicht aufgebaut. Wegen der beengten Platzverhältnisse musste die A2 in beiden Richtungen voll gesperrt werden – das dauerte rund 26 Stunden. Die bis zu 180 Tonnen wiegenden Einzelteile waren auf Grund der Ausladung des 500-Tonners fast ausgereizt. Die Firma KVN aus Osnabrück war mit zwei LTM 1500 angerückt, ein anderer kam von Regel aus Kassel und der Vierte im Bunde war Fricke-Schmidbauer aus Braunschweig.

Eintreffen der Krane auf der Baustelle

REGEL
ACTROS
KS N 108
Fricke-Scheidbauer
BS JS 182

LIEBHERR
REGEL

Aufbau der Krane auf der Autobahn. Hierfür wurden beide Fahrtrichtungen gesperrt

REGEL
REGEL
(05665) 9999-9
KVN
REGEL

KASSEL
REGEL
www.regel.de
LIEBHERR
LIEBHERR
LIEBHERR
LIEBHERR
LIEBHERR
LIEBHERR
REGEL

KASSEL
REGEL
REGEL
REGEL
www.regel.de

Fricke-Schmidbauer
Spezialtransporte
MAN

Die Vollsperung dauerte rund 26 Stunden und die Arbeiten gingen die ganze Nacht durch

REGEL
REGEL
REGEL
KVN
O&K
KASSEL
REGEL

REGEL
REGEL
KVN
KVN
O&K
KASSEL

W&F Franke Schwertransporte

von Michael Müller

Die Firma W&F Franke Schwerlast GmbH wurde im Jahre 1988 von den Herren Reinhard Wolk und Werner Fleischer in Bremen gegründet. Abteilungsleiter für den Bereich Schwertransport und Spedition war Jörg Fleischer. Der erste Firmensitz befand sich am Arberger Hafendamm in Bremen-Hemelingen. Größtes Gerät war der K 6001 der ehemaligen Bohnegruppe. Dieser Kran erfuhr zu dieser Zeit u. a. Einsätze in Rostock beim Abbau der großen Werftkrananlage sowie als Schiffbaukran bei der Brandwerft in Oldenburg. 1992 wurde er verkauft.

Zwölf Mitarbeiter und sieben Fahrzeuge zählte das Unternehmen zu dieser Zeit. Nach dem Umzug in die Richard-Dunkel-Straße auf das ehemalige Kocks-Kranbau-Gelände in Bremen-Neustadt verließen die beiden Geschäftsführer Reinhard Wolk und Werner Fleischer im Jahre 1992 die Firma. Neuer alleiniger Geschäftsführer und Gesellschafter wurde Jörg Fleischer, der bis dato als Abteilungsleiter für den Schwertransport und den Bereich Spedition zuständig gewesen war. Die Firma hieß nun W&F Franke Schwerlast Internationale Spedition GmbH.

Früh wurden die Zeichen der Zeit erkannt, und schon 1988 versuchte man, den neu entstandenen Markt der erneuerbaren Energien, der Windkraftanlagen, als zusätzliches Geschäftsfeld zu nutzen. Die Firma avancierte zum Hausspediteur der Fa. Enercon GmbH.

Neben dem Alltagsgeschäft, dem Transport von Baumaschinen, Maschinenteilen, Anlagenkomponenten sowie dem Transport von Bauelementen aus Beton, Holz und Glas und vielem anderen erwies sich das neue Aufgabengebiet als extrem ausbaufähig.

Während am Anfang noch eine komplette Windkraftanlage auf zwei Lkw Platz fand – der eine transportierte das Generatorenhaus mit den Flügeln während der andere den Mast geladen hatte – ist heute eine ganze Flotte von Spezialzügen für den Transport einer „Windmühle" im Einsatz, Züge der Firma MAN.

Denn anfangs bestand der Fuhrpark aus Zugmaschinen der Firmen Mercedes und MAN, heute beschränkt man sich einzig auf Fahrzeuge von MAN. Zudem erfolgte sehr schnell ein Umzug in die Gelsenkirchener Straße in Bremen-Neustadt.

Und man expandierte weiter. 2001 wurde eine Niederlassung in Magdeburg gegründet mit Schwerpunkt Transportabwicklung für die drei Produktionsstätten der Enercon GmbH. Unter anderem entstehen hier die großen Mastschüsse aus Stahl und Beton. Die immer größer und schwerer werdenden Bauteile

Die Fahrzeugflotte im Jahre 1992 auf dem Kocksgelände an der Richard-Dunkel-Straße in Bremen Neustadt

Mercedes 2636 beladen mit Schiffsluken

Interessante Kombination: Mercedes 2644 mit Tieflader und Brückenladung kurz vor der Entladung

Transport des 600-t-Gittermastkranes auf achtachsigem Goldhofer-Tieflader

Maschinenteiltransport 1990 mit 2+2-Scheuerle-Tieflader und MB-Zugmaschine

erfordern eine große Anzahl von Fahrzeugen. Des Weiteren werden die Wegstrecken zu den Baustellen immer größer. Windkraftanlagen werden in ganz Europa aufgebaut. Deshalb wurden mehrere 600 PS starke MAN-Zugmaschinen gekauft, womit die Firma W&F Franke zu einem der größten Fahrzeug-Betreiber dieser schweren Klasse aufstieg.

Da die Anlagen ständig größere Ausmaße annahmen und noch annehmen, musste der Fuhrpark laufend angepasst werden. Es wurden zwei Großkrane, ein Liebherr LR 1400 Raupenkran und ein Liebherr LG 1550 Mobilkran sowie zwei Hilfskrane vom Typ Liebherr LTM 1100 angeschafft.

Mit einem solchen Fuhrpark war man gezwungen, weitere neue Märkte zu erschließen, sollten die fahrzeuge rentabel eingesetzt werden. In Rzepin / Polen wird im Jahre 2004 eine Niederlassung der W&F Franke Polska gegründet, um den wachsenden osteuropäischen Markt bedienen zu können.

Als einer der ersten Spediteure erwirbt die Firma W&F Franke vier neue MAN-Schwerlastzugmaschinen der neuen Generation vom Typ TGA 660. Da der Platz für die großen Kombinationen sowie das Equipment an der Gelsenkirchner Straße nicht mehr ausreicht, wird das große Tiemann-Gelände an der Neuenlander Straße 41 bis 43 in Bremen bezogen. Hier verfügt man über eine große Werkstatt und der Standort liegt außerdem in unmittelbarer Nähe zur MAN-Niederlassung. Wegen zu häufiger Nichtauslastung entschließt man sich im Frühjahr 2005, die Großkrangeräte zu verkaufen. Der Fuhrpark ist bis auf wenige Fahrzeuge durch MAN TGA-Fahrzeuge ersetzt. Im Mai 2005 wurde ein Vertriebsbüro in Leipzig eröffnet.

Heute umfasst der Fuhrpark sechs Schwanenhalskombinationen, 31 Zugmaschinen sowie 45 Trailer. Derzeit sorgen 52 Mitarbeiter dafür, dass die Firma W&F Franke alle Kundenaufträge zuverlässig und schnell erledigt.

Der Fuhrpark:
47 Goldhofer IHP-LT Achslinien mit
6 Schwanenhälsen
10 zweiachsige Zugmaschinen
9 dreiachsige Zugmaschinen
10 vierachsige Zugmaschinen
2 geteilte Gliederzüge
2 Stapler 8 und 15 t.

MAN 19 372 Zugmaschine mit dreiachsigem Semitieflader und Gegenlager eines Hafenkranes

Knicklenkerradladertransport auf vierachsigem Tieflader und zweiachsiger Zugmaschine 19 362

So wurden 1993 die Windradhäuser gefahren

Eine ganze Windkraftanlage passte 1993 auf einen Tieflader. Nur der Turm wurde separat gefahren

Schlitzfräse verladen auf Semitieflader und dreiachsiger MAN 26.422

MAN 26.422 und dreiachsiger Telesattel

MAN 26 392 mit Militärteiltransport

Schwerer Weserhütte-Bagger mit Dollykombination und MAN 26.502

Auch Radlader wurden 1993 mit dieser Kombination transportiert. Bei Rangierarbeiten war schon ein gewisses Können seitens des Fahrers notwendig

Hochempfindliche Ladung: Bauteil einer Ariane-Rakete

Nur die Reifen fehlen: kompletter Transport eines Komatsu-Kippers mit Goldhofer-Tieflader und MAN 26.502

Überbreites Maschinenteil in seefester Verpackung

Zusammengekuppelter Goldhofer-Semitieflader mit Lastverteilerträgern

MAN 26 422 beladen mit Hafenkranausleger

1992: Transport von Maschinenbauteilen

Teile eines Gittermastkranes, verladen auf MAN 27 502. Die Stoßstange ist eine sehr seltene Ausführung

Raumzellentransport im Containerhafen mit MAN 33 502

Überbreites Pressenteil, in Fotopose geparkt

Manche Zuwegungen sind ganz schön schlammig, wie man an diesem Fahrzeug erkennen kann

Schwerer Drehringtransport mit Dolly und MAN 26 502

Auch lange Kranbahnen werden mit dem Nachläufer transportiert

Kleiner Dumper auf Reisen

Getriebetransport mit Zug- und Schubmaschine

MAN 27 463 mit Ballastpritsche

Windflügeltransport mit ausziehbarem Telesattel

In Polen zu Hause, MAN 19 464 Sattelzugmaschine

Viele Staukästen an der Seite ersetzen den Seitenanfahrschutz

In schöner Kurvenfahrt: MAN mit Goldhofer-Tieflader und Mastteilen als Ladung

MAN 33 464 und Anlenkstück eines Autokranes

Generator einer Enercon-Winkraftanlage, verladen auf einem Semitieflader

Das „Bein" eines Raupenkranes, die Fahrwerkskette, fertig für die Abfahrt

Lange Zeit stärkstes Fahrzeug in der Flotte: MAN 41 502

Dieser O&K RH 30 Bagger wartet auf die Abfahrt

In welche Richtung fahren Sie denn? Generatorenwelle beim Roll-on auf ein Seeschiff

Bagger mit Dolly und Goldhofer-Tieflader bei einer Messeabholung

MAN 41 502 mit Kesselbett und Raumzellenladung

Große Komatzu-Raupe, verladen auf Goldhofer-Tieflader

Der untere Mastschuss einer Windkraftanlage wartet auf die Entladung

Rohrladung im Kesselbett mit MAN-Zugmaschine 41 502

MAN FE 460 A mit Betonteilladung

Die unteren Betonturmringe bringen viel Gewicht auf die Waage. Die MAN 41 604 schafft das jedoch ohne Probleme

MAN 41 604 beim Startvorgang. Die Vorderräder haben schon abgehoben

MAN 41 603 mit langer Kolonne als Ladung

So wurde die Raupe transportiert: sechsachsiger Semi mit MAN 41 604

Das Fahrzeug von hinten. Die frisch geölten Zurrmittel liegen schon bereit

Auch eine weiße
MAN TGA 18 460
befindet sich im Fuhrpark

TGA 18 460 mit Telesattel
und Flügelladung

Dreiachsige TGA 26 530 mit sechsachsigem Semitieflader

Überbreiter Seekistentransport

Kranzubehör bei Kurvenfahrt

Gewaltiges Fahrzeug mit Raupenkette in schöner Landschaft

Wenn die unbefestigten Wege aufgeweicht sind, geht es mitunter nur mit fremder Hilfe weiter

Fast schon übermotorisiert: TGA 660 mit mittlerem Mastschussteil

Kokille für ein Stahlwerk

Transport eines Kessels

Einsatz im schweren Gelände. TGA 660 bei Umfuhrarbeiten einer Bandanlage in einem Braunkohleabbau. Hier kann der MAN 660 zeigen, was er wirklich zu leisten vermag (unten)

Transport einer Mahlschüssel. Da es über bergige Straßen geht, ist eine Schubmaschine nötig

Die Schubmaschine mit voll verspoilertem Fahrerhaus und Ballastkiste

Die vierte TGA 660er Zugmaschine von Franke, beladen mit einem Mastschuss (unten)

Diese Lok wurde nach Italien transportiert

Nach der Entladung: Warten auf die Rückfahrt zum nächsten Kunden

Innerbetrieblicher Transport eines Stahlgestells

200-t-Demag-Kran AC 615 bei der Entladung von Raumzellen

Liebherr LTM 1100: Er wurde auch zum Auf- und Abrüsten von Gittermastkranen eingesetzt

Liebherr LG 1400 Raupenkran. Damit der Kran nicht im sandigen Gelände versinkt, fährt er auf großen Stahlbohlen-Lastverteilerplatten. Bei der Seitenansicht des Kranes auf dem Bild links unten ist an der Seite der Materialcontainer zu sehen.

Unten rechts: Der „wachhabende" Ersatzkranführer, ausgerüstet mit vorgeschriebenem Sicherheitshelm…

600-t-Gittermastkran. Er wurde seinerzeit von der Rosenkranz erworben und umgebaut zum Pedestralkran. Seinen letzten Einsatz erfuhr er über mehrere Jahre als Werftkran bei der Brandwerft in Oldenburg. Nachdem das eigentliche Fahrgestell des Kranes entfernt worden war, wurde eine Anbolzmöglichkeit für schwere Scheuerle-Achsen an den Kransockel angebaut. Der Ballast bestand aus Stahlformen, die mit Blei ausgegossen waren

Liebherr LG 550 nach Entladearbeiten von Pressenteilen in einem Kieswerk. Da der Kran die Kaianlage nur zum Entladen benutzen konnte, musste er in den Ladepausen immer umgesetzt werden. Dann wurde auch der Haken ausgeschert, damit er nicht an den Mast schlagen konnte

W & F FRANKE
Bremen
0421-53 79 60

Eine Riesenwalze auf Reisen

von Thorge Clever

Für die Herstellung von Hygienepapieren, auch Tissue genannt, werden große Stahlzylinder benötigt. Auf diesen wird das nasse Rohpapier geglättet und getrocknet.

Je größer der Durchmesser dieser Walze ist, desto höher ist die Produktivität durch schnelleren Papierdurchfluss. Deshalb werden im Laufe der Zeit diese Glättzylinder immer größer, da immer höhere Produktivität gefordert wird. Die Infrastruktur der öffentlichen Straßen wird jedoch immer anspruchsvoller. Es gibt mehr und mehr Kreisverkehre und Verkehrsberuhigungen.

Im Juni 2005 musste ein Zylinder mit 80 t Gewicht und über 5,00 m Durchmesser vom Herstellerwerk in Heidenheim zu einer Papiermühle nach Kreuzau bei Düren gebracht werden.

Ohne große Überlegung war klar, dass der größtmögliche Teil der Strecke auf Neckar und Rhein per Binnenschiff zurückgelegt werden muss. Selbst wenn eine Strecke ohne niedrige Brückendurchfahrten gefunden würde, würden die Nebenkosten für das Entfernen von Kabeln, Oberleitungen und Ampeln ein Mehrfaches der Transportkosten betragen.

Deshalb wurde der Zylinder zuerst von Heidenheim zum Schwergutkai im Heilbronner Hafen geschafft. Diese 180 km lange Strecke führt quer durch die Schwäbische Alb über kleine Straßen. Einige Steigungen und Gefälle mit bis zu zehn Prozent machten den Einsatz einer Schubmaschine erforderlich. Im-

Der Transport steht geladen und verzurrt auf dem Werksgelände in Heidenheim und wartet auf die angeforderte Polizei-begleitung

Manche Kreuzungen und Fahrstreifen müssen im Gegenverkehr befahren werden, um Ampeln auszuweichen

merhin war ein Gesamtgewicht von 185 t zu bewegen. Kübler setzte für diesen Transport einen zehnachsigen Scheuerle Intercombi Anhänger ein, welcher von einem Daimler-Benz Actros SLT 4153 gezogen wurde. Als Schubmaschine fungierte ein nagelneuer MAN TGA 41.530 mit Schwerlaststoßstange.

Pünktlich um 19:00 Uhr war Abfahrt in Heidenheim und es ging dank zügigem Polizeiwechsel an den Kreisgrenzen schnell weiter bis Fichtenberg. Doch dann kam eine Zwangspause, in der der Konvoi bis 1:00 Uhr warten musste: zwei Bahnübergänge mit elektrischen Fahrdrähten machten die Weiterfahrt unmöglich. Die Bundesbahn kann diese Drähte

An jeder Kreisgrenze wechselt das Begleitkommando der Polizei. Gute Vorinformation der beteiligten Stellen erspart hierbei viel Wartezeit. Weiter wurde der Konvoi von zwei Steigerfahrzeugen zum Drehen von Ampeln und einem WVZ-Sicherungsfahrzeug begleitet. (WVZ = Wechselverkehrszeichen) Dieses warnt den nachfolgenden Verkehr mit Blinkleuchten und strahlt gegebenenfalls Überholverbotzeichen o.ä. nach hinten aus

erst abschalten und anheben, wenn der letzte Zug den Bahnübergang passiert hat – in diesem Fall eben um 1:00 Uhr. Das Etappenziel lag bei Murrhard. Hier war tagsüber Pause, da im Landkreis Heilbronn erst ab 22:00 Uhr gefahren werden darf.

Am nächsten Abend kam die Polizei wieder pünktlich zur Begleitung und es ging vorbei an etwa 50 eigens für diesen Transport aufgestellten Halteverbotschildern durch kleine Ortschaften bis Heilbronn-Untergruppenbach. Die Autobahnbrücke über der L 1111 ist hier ein Meter niedriger als der Transport. Die Lösung war ein ebenerdiges Queren der Autobahn A 81 Heilbronn – Stuttgart. Nachdem die Autobahnmeisterei die Mittelschutzplanken entfernt und die Polizei die Autobahn in beiden Richtungen gesperrt hatte, konnte der Transport als „Geisterfahrer" auf die Autobahn auffahren, eine 180-Grad-Kehre über den Mittelstreifen vollziehen und an der anderen Seite über die Auffahrt die Autobahn wieder verlassen.

Nun waren es noch 20 km bis zum Heilbronner Hafen. Eine letzte Straßenbahnoberleitung wurde im Stadtgebiet abgeschaltet und dann ging es zügig weiter bis zum Schwerlastkai.

Am nächsten Morgen wurde der Zylinder mit einem 650-t-Autokran der Firma Scholpp, Niederlassung Heilbronn in ein Binnenschiff verladen, welches im Anschluss daran in Richtung Köln ablegte.

Der Tieflader fuhr leer nach Köln und traf zusammen mit dem Schiff im Hafen der HGK in Köln ein. Da dort ebenfalls kein Hafenkran mit ausreichender Tragkraft vorhanden war, orderte Kübler von der ortsansässigen Firma Colonia Spezialfahrzeuge einen 500-t-Autokran und die erforderlichen Lastverteilerträger für die Kaimauer. Weiter stellte Colonia das Personal für den Umschlag, welches die Seile an- und abhängen musste.

Nach dreistündigem Einsatz war der Zylinder wieder auf dem zehnachsigen Plattformanhänger von Kübler verladen und der Kran konnte wieder abbauen.

Abends um 23:00 Uhr startete man unter Begleitschutz der Kölner Verkehrspolizei Richtung Kreuzau. Auf dem über 100 km langen Zick-Zack-Kurs durch das Rheinland mussten unzählige Ampeln beiseite gedreht und Leitungen angehoben werden. Manche Leitungen hingen so tief, dass zuvor die Energieversorger neue, längere Masten setzen mussten. Zum Anheben auf 6 m Höhe hätten die Leitungen kein Spiel gehabt.

Dank einwandfreier Abstimmung mit der Polizei und guter Vorarbeit der Energieversorger und der Telekom erreichte der Konvoi nach nur sechs Stunden Fahrzeit Kreuzau und konnte am nächsten Morgen mit zwei kleineren Autokranen beim Empfänger entladen werden.

Nach erfolgter Kontrolle der Begleitpapiere rollt der Transport weiter Richtung Heilbronn

Hinweis
Über die Firma Kübler ist in unserem Verlag eine umfassende Chronik von Thorge Clever erschienen: „Kübler Spedition – 75 Jahre eines außergewöhlichen Transportunternemens" (siehe auch die Seiten 142/143)

Der MAN TGA 41.530 schiebt auf der gesamten Strecke nach. Steigungen bis zehn Prozent machen dies erforderlich

Drei Tage später erreicht das gecharterte Schiff „MS Richel" den Kölner Hafen. Im Vergleich zum Schiff sieht der Zylinder nun relativ klein aus

Währenddessen baut Colonia Spezialfahrzeuge aus Köln den 500-t-Autokran Liebherr LTM 1500 an der Kaikante auf. Um die Stützdrücke zu minimieren, werden vorher lange Abstützträger verlegt

Die Seile sind an den Lagerwellen des Zylinders angebracht und vorsichtig hievt der Autokran den Zylinder aus dem Schiff. Besonders wichtig ist, dass das Schiff sich nicht bewegt und der Zylinder nicht an den Ladeluken anstößt. Ein kritischer Moment, denn durch die Entlastung des Schiffes schwimmt dieses auf und die Festmachseile werden locker

Nach einem 160-Grad-Schwenk erreicht der Autokran mit seiner maximal möglichen Ausladung die Verladeposition. Dazu ist der Plattformwagen zwischen die Stützen rangiert worden

Der Zylinder wird erneut zentimetergenau auf dem Plattformwagen abgesetzt. Eine ganz exakt mittige Verladung des Schwerpunktes ist bei einer so hohen Schwerpunktlage wegen der Kippgefahr unerlässlich

Auf der anschließenden Route von Köln nach Kreuzau müssen wieder unzählige Ampeln gedreht werden. Trotz vieler Hindernisse, wie z. B. Kreisverkehre, Schilder, Leitungen, wurde das Ziel innerhalb einer Nacht erreicht

Hermann Paule Schwertransporte

Von 1927 bis 2005

von Georg Loehr

Firmenhistorie

Den Namen Hermann Paule verbindet man meistens mit großen dunkelroten Autokranen und Schwertransportern, die schwerste Lasten transportieren oder in schwindelerregenden Höhen millimetergenau absetzen. Der größte Teil des Equipments ist im Grossraum Stuttgart unterwegs, jedoch auch weiter entfernte Einsätze sind recht häufig. Das Unternehmen Hermann Paule bietet ein umfassendes Dienstleistungsangebot, das die Bereiche Spedition, Kranarbeiten, Schwertransporte, Maschinentransporte und Montagearbeiten umfasst. Der alte Firmenslogan „Paule macht Schweres und Schwieriges leicht" gilt auch heute noch, in Anbetracht der Investitionen in schwerstes Gerät sogar mehr denn je. Im Jahr 2003 feierte die Firma ihr 75-jähriges Bestehen. Begonnen hat die langjährige Firmenhistorie mit dem Geschäftsgründer Hermann Paule, der aus einer Winzerfamilie in Stuttgart-Obertürkheim stammt. Er gründete eine Transportfirma und führte mit Pferdegespannen für die ortsansässigen Winzer Umfuhren durch. Unter anderem wurde Most, das Ausgangsprodukt für die Weinherstellung, in großen Holzfässern transportiert. Nachdem der Abschluss verschiedener gewinnbringender Verträge gelungen war, etablierte sich die Firma Paule als ein angesehenes Fuhrunternehmen, das nicht nur Most, sondern auch Möbel und Kohle sowie erste größere Konstruktionsteile auslieferte. Schon zu jener Zeit entwickelte sich der Geschäftszweig zu einem wichtigen Standbein der Firma. Mit der stetigen Zunahme von Aufträgen wurde auch der Fuhrpark nach und nach erweitert. Bereits in den Anfängen der Firma wurden erste Schwertransporte durchgeführt, so dass schließlich die erste Zugmaschine von Kaelble in Dienst gestellt werden konnte, die das erste Standbein für den Geschäftsbereich Schwertransporte bildete. In diesem Bereich wird heute rund ein Drittel des Gesamtumsatzes erwirtschaftet. Ein weiteres Drittel erbringt die Autokranabteilung, das letzte Drittel der Firmeneinnahmen entfällt auf Montagearbeiten. Die Firma Paule beschäftigt heute in ihren verschiedenen Teilbereichen insgesamt 115 Mitarbeiter, der Fuhrpark umfasst 6 LKWs, 19 Schwerlastzugmaschinen, 34 Anhänger und Schwerlasttiefladersattelauflieger sowie 17 Autokrane mit Hublasten von 20 Tonnen bis hin zu 350 Tonnen, ausschließlich Telekrane der Hersteller Liebherr, Krupp-Grove und Grove sowie ein kleinerer schon recht seltener Gottwald Zweiachstelekran.

Firmenchronik

1927 Der Weingärtner Hermann Paule (geboren 1871) gründet die Firma Hermann Paule als Einzelfirma, lässt sie aber von Anfang an durch seine Söhne August, Friedrich und Albert Paule führen. Das Gebäude in der Krummenacherstraße 6 ist der erste Firmensitz. Der Weingärtner betreibt außerdem eine von der Firma Kleemann in Obertürkheim hergestellte Mostereianlage. Mit dem angeschafften ersten Pferdefuhrwerk wird den Kunden der Most zugestellt. Es werden aber auch Transporte für die Land-

Portrait des Firmengründers Hermann Paule (1871-1955). Die Geschäftsführung überließ er seinen Söhnen August, Friedrich und Albert Paule

wirtschaft und ortsansässige Industrie ausgeführt, was aus einer Anzeige im Werbeteil des Turnvereins von 1928 hervorgeht.

1928 Abschluss eines Rollfuhrvertrags mit der damaligen Reichsbahn. Er fällt in eine ungünstige Zeit, da der Erste Weltkrieg verlorenging. Weltwirtschaftskrise und politischer Umbruch sind die Folge.

1928-1935 Geschäft und Fuhrpark werden erweitert, der Bahnverkehr wird ein Teilbereich der Firma, Stückgut und Wagenladungen gehören zu den Aufträgen. Die erste Kaelble-Zugmaschine wird angeschafft und zunehmend werden Schwertransporte durchgeführt. Als Großkunde wird die Maschinenfabrik Esslingen gewonnen, für die Stahlkonstruktionen und Dampfkessel gefahren werden. Für die Firma Ziemann werden die ersten Brauereibehälter transportiert. Sie bleibt Kunde bis heute.

1936 übernehmen die Söhne August (geb. 1900, Spedition), Friedrich (geb. 1904, Kaufmännische Abteilung) und Albert (geb. 1911, Brennstoffe) die Leitung der Firma vollständig. Man besitzt zu dieser Zeit bis zu zwölf Gespanne.

1935-1945 Der Grundstückskauf in der Augsburger Straße 704 im Jahr 1937 fällt in diese Zeit und ist der entscheidende Kauf für die Zukunft des Unternehmens. Es ist der heutige Firmensitz mit der gleichen Fläche wie damals. Das Gebäude gehörte vormals der Firma Villeroy-Boch, an dem von Anfang an direkt die Eisenbahn vorbeifuhr. Lagergeschäfte mit Möbeln sind das zweite Standbein neben Schwertransporten. In Kriegszeiten werden allerdings mehrere Gespanne mit Fuhrleuten und die damals modernsten LKW samt Fahrer zur Wehrmacht eingezogen. Bei zwei Luftangriffen werden Gebäude und Fuhrpark bis zu 75 Prozent zerstört. Übrig bleiben ein Mercedes-Kipper mit 2,5 Tonnen und eine Hanomag 20 PS Zugmaschine mit Anhängern.

1945-1955 Mit dem Altbestand wird der Betrieb wieder aufgenommen, ein 6 Tonner Mercedes wird 1944 als Ersatz zugeteilt. Es stehen an der Wiederaufbau und damit verbunden die Beseitigung der Kriegsschäden. Zu den Geschäftsbereichen zählen jetzt die bahnamtliche Rollfuhr, der Wagenladungsverkehr, der Güternahverkehr, und zudem wird der Bahnsammelverkehr ausgebaut. Der Brennstoffhandel mit Holz und Kohle der Schwesterfirma Gebrüder Paule spielt ebenfalls eine bedeutende Rolle.

1955 Hermann Paule senior stirbt.

1957 Der Tod von August Paule erfordert den Eintritt von Hermann Paule junior in das Unterneh-

Das Jahr 1927 ist der Beginn des Fuhrunternehmens Hermann Paule. Mit diesem Pferdegespann werden Transporte für die Winzer und die Landwirtschaft der näheren Umgebung ausgeführt. Im selben Jahr kommen erste Transportaufträge der ortsansässigen Industrien hinzu

Diese traktorähnliche Kaelble Z 3 Straßenzugmaschine ersetzt um 1930 das Pferdegespann. Der Kaelble Dieselmotor wird mit 45 PS angetrieben und kann bis zu 20 Tonnen Anhängelast ziehen. Eine ähnliche Kaelble Z 3 Straßenzugmaschine, ebenfalls aus der Zeit um 1930, ist heute im historischen Fuhrpark der Firma Paule in komplett restaurierter Form erhalten. Auch ein Möbelanhänger, ähnlich dem hier abgebildeten, wurde vollständig restauriert und zählt ebenfalls zum historischen Fuhrpark

Dieser Daimler-Benz Möbelwagen mit Stabholzaufbau und Vollelastikbereifung ist im Jahr 1930 der erste LKW in Paules Fuhrpark. Der Anhänger stammt noch aus der Zeit der Pferdegespanne

men, und schon 1961 folgt Reinhold Paule. Zu der Zeit stehen die bahnamtliche Rollfuhr und der Wagenladungsverkehr weiterhin im Vordergrund, aber auch der Möbeltransport und die Verladung von Maschinen werden nicht vernachlässigt.

1958 erfolgt der Ausbau der Verteilerverkehre in Baden-Württemberg.

1960 Der Bahnsammelverkehr verliert an Bedeutung, wohingegen der Schwertransport an Bedeutung gewinnt.

1962 wird der erste Coles Gittermast Autokran mit 15 Tonnen Hubkraft angeschafft, und bereits kurz darauf folgt ein weiterer Coles Gittermast Autokran mit einer Hubkraft von 30 Tonnen.

1964 Der erste Tieflader mit einer Nutzlast von 30 Tonnen wird in Dienst gestellt.

1965-1975 Im Speditionsbereich verliert die bahnamtliche Rollfuhr an Bedeutung, der Verteilerverkehr bleibt jedoch ein wichtiges Standbein. Der Fuhrpark wird ausgebaut, unter anderem durch die Anschaffung eines Grove TM 650 Telescopmastautokrans mit einer Hubkraft von 59 Tonnen.

1967 Ein wichtiger Kunde, die Maschinenfabrik Esslingen, schließt ihren Betrieb. Die Firma Paule übernimmt eine Stahlbaukolonne, womit der Grundstein für den Teilbereich Montagearbeiten gelegt wird, der heute ein Drittel des Gesamtumsatzes ausmacht.

1968 Durch die Anschaffung der ersten Telescopmastautokrane des führenden amerikanischen Herstellers Grove kommt es zur Erweiterung der Autokranabteilung . Es werden zuerst Grove TM 180, später TMS 275 Krane in Dienst gestellt.

1975 Gesellschafter Friedrich Paule scheidet aus Altersgründen aus der Firma aus.

1980 Der bahnamtliche Stückgutverkehr verliert weiter an Bedeutung, dadurch müssen neue Geschäftsfelder erschlossen werden. Die Autokranabteilung gewinnt an Wichtigkeit und umfasst nun 15 Einheiten mit Hublasten von 18 Tonnen bis hin zu maximal 200 Tonnen. Und der Geschäftsbereich Schwertransporte erfährt Zuwachs durch die Anschaffung der ersten zwei Scheuerle Hubkessel-brükken.

1981 Die Zweigniederlassung Böblingen wird gegründet.

1983 Albert Paule scheidet aus Altersgründen aus der Geschäftsführung aus, während Gerd Pfisterers in die Geschäftsführung eintritt.

1984 Der Werkstatt wird neu gebaut.

1987 Albert Paule verstirbt.

1988 Friedrich Paule verstirbt ein Jahr nach Albert Paules Tod.

1981-1989 Zwei weitere Scheuerle Hubkesselbrücken mit einer Traglast von 40 Tonnen werden in Dienst gestellt, zudem ergänzt ein Plattformwagen mit 125 Nutzlast den Fuhrpark.

1990 Das Dienstleistungsangebot um Komplettleistungen im Bereich Transport und Montage wird erweitert.

1991 Die Autokranabteilung erfährt weiteren Zuwachs durch die Anschaffung eines Liebherr LTM 1300 Telescopmastautokrans mit bis zu 350 Tonnen Hubkraft, Paules bis dahin leistungsfähigsten Autokran.

1992 Die Niederlassung Reinsdorf bei Zwickau wird gegründet mit den Bereichen Transporte, Kranarbeiten und Montagen. Nach erfolgreichem Beginn muss die Niederlassung aus wirtschaftlichen Gründen im Jahr 2002 wieder geschlossen werden.

1999 Die Firma Hermann Paule wird Gesellschafter von Multilift-Deutschland, einem Zusammenschluss von Kranarbeiten und Schwertransporten. Ziel von Multilift ist die gemeinsame bessere Auslastung großer Investitionen wie zum Beispiel des 400 Tonnen hebenden Portalkrans.

2000-2003 Zahlreiche Großaufträge im Bereich der Montage von Pressen und Pressenstraßen werden ausgeführt, auch die Montage kompletter Produktionslinien. Aufgrund der schwachen Inlandskonjunktur werden im Bereich Schwertransporte vermehrt Grossaufträge für den Export durchgeführt. Deutsche Brauereianlagenhersteller vergeben grössere Aufträge für den Transport nach Tschechien und Polen. Bei diesen Transportabwicklungen werden die Binnen- und Seeschifffahrt mit einbezogen. Im Jahr 2000 wird demzufolge ein 300 Tonnen hebender Liebherr LTM 1300-1 Autokran in Dienst gestellt.

2003-2005 Der Fuhrpark wird um neue Schwerlastzugmaschinen und Autokrane ergänzt, unter anderem im Jahr 2004 eine Mercedes Titan SLT 4160-8x4/4 und im Mai 2005 eine weitere Mercedes Titan SLT 4154-8x4/4. Außerdem werden im gleichen Zeitraum zwei vierachsige Demag-Terex Autokrane mit jeweils 60 Tonnen Hubkraft beschafft.

Mein besonderer Dank gebührt Herrn Hermann Paule, Seniorchef der Firma Paule Schwertransporte und Herrn Storz, Werkstattmeister bei Paule, die mir beide mit Bild- und Datenmaterial in großem Umfang behilflich waren.

Ungefähr 1935 entsteht dieses Foto eines weiteren Daimler-Benz Lkw mit Kofferaufbau für Möbeltransporte, in der damals bauüblichen Stabholzbauweise. Dieser Lkw verfügt bereits über Luftbereifung, damals als Ballonbereifung bezeichnet. Der Anhänger mit Vollgummibereifung stammt wiederum aus der früheren Ära des Pferdegespannbetriebs

Transport eines großen stählernen Konstruktionsteils im Jahr 1938 mit einem Daimler-Benz Lo 2500 Diesel und einem konventionellen Brückenanhänger. Damals ist bei Spezialtransporten noch sehr viel Improvisationstalent erforderlich. Der Lkw wird von einem Vierzylinder Vorkammerdieselmotor angetrieben, der aus 4560 ccm Hubraum 60 PS bei 2000 Upm leistet. Die Nutzlast beträgt 2,5 Tonnen bei 2,65 Tonnen Leergewicht

Eine der beiden ersten Kaelble Zugmaschinen des Typs Z 6 GN 125 mit einem elastikbereiften zweiachsigen Plateauanhänger beim Transport einer Stahlkonstruktion im Jahr 1946. Die abgebildete Kaelble Z 6 GN 125 stammt aus dem Jahr 1942 und wird von einem Sechszylinder Reihendiesel, mit 135 angetrieben

Eine Kaelble K 645 Z aus dem Jahr 1955, unterwegs mit einem auf einen zweiachsigen elastikbereiften Plateauanhänger verladenen Standsilobehälter. Die Kaelble K 645 Z wird von einem Kaelble Sechszylinder Reihendiesel mit 145 PS bei 1700 Upm angetrieben. Das Hubvolumen des Motors beträgt 10.594 ccm. Die Anhängelast der Zugmaschine sind 22 Tonnen

Wiederum eine Kaelble K 645 Z, hier mit einem Plateauanhänger mit vier Achslinien und luftbereiften Pendelhalbachsen, auf dessen Ladefläche ein Kessel liegend transportiert wird. Der Kessel hat relativ kleine Abmessungen, ist jedoch sehr schwer

Kaelble K 645 Z mit verlängerter sogenannter Mannschaftskabine, welche in den fünfziger Jahren mit einem luftbereiften Pendelachstieflader eine vier Meter breite Stahlkonstruktion befördert

Kaelble K 645 Z unterwegs mit einem Konstruktion-steil das auf einen vierachsigen Tief-bettanhänger mit Pendelhalbachsen aufsetzt ist

Das Rangieren von überlangen Konstruktionsteilen wie diesem stählernen Brückensegment ist in den fünfziger Jahren noch sehr umständlich und mühsam. Der vierachsige Pendelachstieflader wird hierzu mit einer erheblich verlängerten Zugdeichsel an die Kaelble K 645 Z vorne angekuppelt. Da die auf dem Tieflader liegende Konstruktion dem Fahrer der Kaelble kaum Sichtfeld lässt, sind mehrere Helfer als Einweiser erforderlich. Zu jener Zeit sind die heute üblichen Handfunkgeräte kaum vorhanden

Die Kaelble K 645 Z-T aus dem Jahr 1958 ist die erste Zugmaschine, die von einem Turbodiesel angetrieben wird. Ihr aufgeladener Kaelble Reihensechszylinder Diesel leistet 192 PS bei 1700 Upm. Die Kaelble K 645 Z-T entspricht bis auf die, durch die Turboaufladung erhöhte Motorleistung, weitestgehend der 1955 vorgestellten Kaelble K 645 Z. Auch der Motor ist identisch. Die Anhängelast wird vom Hersteller mit 22 Tonnen angegeben, die jedoch in Anbetracht der äusserst soliden Bauweise, die Kaelble praktiziert, oftmals erheblich überschritten wird. Diese kompakten Kraftpakete können bis zu 50 Tonnen an den Haken nehmen, ohne dabei Schaden zu erleiden. Diese Kaelble K 645 Z-T transportiert im Jahr 1964 ein schweres Betonfertigteil auf einem Plattformanhänger mit vier Achslinien, die sämtlich aus Pendelhalbachsen bestehen

Anfang der sechziger Jahre werden zwei der ursprünglich im Jahr 1954 für die britischen Streitkräfte gebauten Faun L 8/475 VA 4x4 Frontlenker Zweiachszugmaschinen in den Fuhrpark von Paule übernommen, der bis dahin im Schwertransportbereich ausschließlich aus Kaelble Zugmaschinen bestand. Der Faun wird von einem wassergekühlten Deutz F 6 M 617 Reihensechszylinderdiesel mit einer Leistung von 175/180 PS bei 1800 Upm aus 13.538 ccm Hubraum angetrieben. Für die Kraftübertragung ist ein ZF 6-Ganggetriebe installiert. Das Foto zeigt einen Barkassentransport mit mit Pendelachstieflader im Jahr 1961

Faun L 8/475 VA mit zweiachsigem Tieflader und einer großen, jedoch relativ leichten Stahlkonstruktion

Ende der fünfziger Jahre, als immer größere vormontierte Kessel und Silokonstruktionen transportiert werden müssen, entstehen die ersten Vorläufer der sogenannten Kesselbrücken. Hierzu werden zwei mit speziellen Bolzenverbindungen versehene Stahlträger an den Außenkanten eines hier vierachsigen teilbaren Pendelachstiefladers fixiert. Durch diese Hilfskonstruktion wird die Ladefläche des Tiefladers erheblich verlängert, um diesen großen Silobehälter mit der geringst möglichen Durchfahrtshöhe transportieren zu können. Die Zugmaschine ist wiederum einer der beiden Faun L 8/475 VA mit 15 Tonnen Einsatzgewicht. Für die Leerfahrt zurück müssen damals die beiden Stahlträger, welche die Tiefladerhälften verbinden, demontiert, die Tiefladerhälften mit Hilfe eines Krans wieder verbunden werden. Die beiden Stahlträger werden dann auf die Drehschemel des Tiefladers gelegt

Derselbe Behältertransport wie der auf der Vorseite, mit aus vierachsigem Pendelachstieflader und Stahlträgern in Eigenregie erstelltem Kesselbrückenanhänger. Zugmaschine: Faun L 8/475 VA-4x4

Im Jahr 1962 kommt der erste Autokran zu Paule, der im Vordergrund stehende L 30 Dreiachsautokran des britischen Herstellers Coles – heute Teil von Grove Cranes International. Der Coles L 30, der maximal 30 Tonnen bei kleinster Ausladung heben kann, wird im Gegensatz zu seinen für den britischen Markt vorgesehenen Brüdern nicht durch die dort üblichen AEC Dieselmotoren, sondern von Deutz Dieselmotoren angetrieben. Im Unterwagen ist ein Deutz V 10 Zylinder eingebaut, im Oberwagen ein kleinerer Reihensechszylinder. Später werden weitere Autokrane von Coles in Dienst gestellt, unter anderem ein vierachsiger L 50. Der abgebildete L 30 hat, da seine Kontergewichte nicht demontierbar sind, ein Eigengewicht von rund 38 Tonnen auf seinen drei Achsen – für heutige Bestimmungen erheblich zu viel. Das Besondere sämtlicher Coles Gittermastkrane jener Zeit sind der dieselelektrische Antrieb des Kranoberwagens, der im Gegensatz zum damals allgemein üblichen mechanischen Antrieb eine sehr feinfühlige präzise Steuerung ermöglicht. Im Hintergrund arbeitet ein vierachsiger American 595 Autokran der Firma Schaak Transport, die bereits in den frühen sechziger Jahren eine enge Zusammenarbeit mit Paule hat und im Jahr 1983 eine 75 prozentige Tochtergesellschaft von Paule wird. Der American 595 Vierachsautokran, der maximal 35 Tonnen heben kann, wird im Unterwagen von einem Detroit Reihensechszylinder 6-71 angetrieben. Der Oberwagen verfügt über einen Detroit Vierzylinder des Typs 4-71. Beide Motoren sind Zweitaktdiesel

Coles L 30 und Faun L 8/475 VA im Einsatz beim Verladen eines größeren Edelstahlbehälters

Faun L 8/475 VA mit dem selben Edelstahlbehälter auf einem dreiachsigen Plateauanhänger des Fabrikats Kögel unterwegs in den späten sechziger Jahren

Vorbereitung eines Kesseltransports auf dem Firmengelände in Stuttgart-Untertürkheim, wo sich heute noch der Sitz von Paule befindet. Das Foto stammt aus den sechziger Jahren. Die zwei Hälften des Pendelachstiefladers mit vier Achslinien werden durch die beiden Stahlträger, die die Auflage für den Behälter bilden, miteinander verbunden. Hier sind die Tiefladerhälften noch abgestützt. Erst wenn alles miteinander durch Kettenzüge und Winden verspannt ist, entsteht eine stabile Einheit

In den sechziger Jahren zählt auch ein Henschel HS 22 HAS zum Fuhrpark von Paule. Mit Hilfe eines auf den Henschel aufgesattelten Drehschemels und eines lenkbaren zweiachsigen Nachläufers wird ein riesiges Betonfertigteil einer Hallenkonstruktion transportiert. Der Henschel wird von einem Henschel-Reihensechszylinder des Typs 1215 F mit 192 PS bei 2100 Upm aus 11.045 ccm Hubraum angetrieben. Das Fahrzeug verfügt über Allradantrieb, als Kraftübertragung ist ein ZF-Sechsganggetriebe installiert

Derselbe Transport mit der Henschel HS 22 HAS Dreiachszugmaschine in der Kurve. Die Zugmaschine muss auf der Gegenfahrspur die Kurve umrunden, damit der Nachläufer genügend Platz hat

Der zweiachsige Nachläufer wird manuell über eine separate Lenkvorrichtung am Heck gelenkt. Die Steuerung des Nachläufers erfordert viel Fingerspitzengefühl und Koordinationsvermögen

Auch diese noch längere und sperrigere Holzkonstruktion wird mit der Henschel HS 22 HAS und dem manuell gelenkten Nachläufer in den späten sechziger Jahren sicher ans Ziel gebracht

Die selbe überlange Holzkonstruktion beim Einfädeln aus einer Seitenstraße in eine Hauptverkehrsstraße im nächtlichen Stuttgart der späten sechziger Jahre – damals ist die Verkehrsdichte weitaus geringer als heute

Henschel HS 22 HAS, wiederum mit aufgesatteltem Drehschemel und zweiachsigem Nachläufer, jedoch mit wesentlich kompakterer Ladung, bestehend aus Betonfertigteilen. Bei diesen Ausmaßen ist kein zweiter Mann erforderlich, der den Nachläufer manuell steuern müsste

Ende der sechziger Jahre wird der Henschel HS 22 HAS, der noch bis in die frühen siebziger Jahre bei Paule seinen Dienst versieht, mit einer Schlafkabine im Stil amerikanischer Trucks nachgerüstet, weil die Fahrdistanzen immer größer werden. Dieser beeindruckende Transport überlanger Stahlteile wird mit einem riesigen Plateau durchgeführt, das drehbar auf der Sattelplatte des Henschel und eines dreiachsigen Nachläufers gelagert ist. Der Wenderadius der Kombination ist sicherlich beeindruckend und nichts für die heute so beliebten Hindernisse, die das Durchkommen solcher Transporte oftmals fast unmöglich machen

Aus dieser Perspektive ist der gleiche Transport sicher noch beeindruckender. Der Henschel HS 22 HAS hat mit seinen recht bescheidenen 192 PS (ohne Viskolüfter 200 PS) einiges zu leisten, bedenkt man, dass derartige Transporte heute mit über 500 PS verkehren

Dieser Faun F 610 ZAN bereichert Paules Fuhrpark als Einzelstück Mitte der sechziger Jahre. Der F 610 ZAN, der über Allradantrieb verfügt, wird in seiner ersten Ausführung im Jahr 1965 vorgestellt. Angetrieben wird er von einem luftgekühlten Deutz V 10 Zylinder Diesel mit 250 PS bei 2300 Upm aus 15.833 ccm Hubraum. Die Kraftübertragung erfolgt mit ZF Sechsganggetriebe. Der Kesseltransport erfolgt in Anbetracht der Kürze des Behälters auf dem unveränderten Tiefbett eines vierachsigen Pendelachstiefladers

Präzision und gutes Einschätzungsvermögen sind beim Durchfahren dieser engen Straße mit dem Faun F 610 ZAN und dem angehängten Vierachstieflader mit dem darauf befindlichen Behälter gefragt. Trotz des Einweisers im Vordergrund ist es Zentimeterarbeit

Faun F 610 ZAN mit geteiltem, durch zwei Stahlträger verlängerten, vierachsigen Pendelachstieflader beim Kesseltransport unter einem Portalkran

Auch Baumaschinentrasnporte zählen damals wie heute zu Paules Aufgabenbereich, wie dieser dicke Menck M 152-I, der hier von der Faun F 610 ZAN gezogen wird. Bei dem Menck M 152-I handelt es sich um einen Seilbagger der Baureihe M 152 der ersten Nachkriegsgeneration. Der Antrieb erfolgt bei diesem rund 40 Tonnen schweren Bagger durch einen ventillosen wassergekühlten MWM Dreizylinder Zweitaktdiesel mit Spülluftpumpe bei einer maximalen Drehzahl von 600 Upm

Noch einige Details zum Pendelachstieflader: Die Besonderheiten sind zum einen ein mechanischer Achsausgleich, der das Tiefbett auch beim Überfahren von Unebenheiten nahezu waagerecht hält, zum anderen lenken über Gestänge verbunden sämtliche Achsen bei Kurvenfahrt mit

Daimler-Benz LAS 2623 aus dem Fuhrpark Schaak Transport, der hier einen Portalkran befördert. Schaak ist zu 75 Prozent eine Tochtergesellschaft von Paule. Im Hintergrund der Henschel HS 22 HAS von Paule, der einen identischen Portalkranträger transportiert. Der Daimler-Benz LAS 2623 hat Allradantrieb und wird von einem Daimler-Benz Reihensechszylinder OM 355-I mit 230 PS aus 11.581 ccm Hubraum angetrieben. Das Solofahrzeug ist für ein technisches Gesamtgewicht von 26 Tonnen ausgelegt, darf jedoch in Deutschland in den Siebzigern ohne Sondergenehmigung nur 22 Tonnen haben

Von Ende der sechziger Jahre bis in die späten siebziger Jahre ist dieser Daimler-Benz LP 2224 in Paules Fuhrpark als Einzelstück vertreten. Er ist mit einem der dreiachsigen Kögel Plateauanhänger und einem großvolumigen Behälter unterwegs, etwa im Jahr 1972. Der Anhänger hat eine Nutzlast von 23 Tonnen bei 30 Tonnen Gesamtgewicht. Der LP 2224-6x4, der von einem DB Reihensechszylinder Typ OM 355 V mit 240 PS aus 11.581 ccm Hubraum angetrieben wird, hat 22 Tonnen Gesamtgewicht und rund 13 Tonnen Nutzlast

Dieses Foto, das um ca. 1972 entstand, zeigt eine damals fabrikneue Caterpillar D 9 G auf einem Pendelachstieflader mit vier Achslinien. Die von einem Caterpillar Vertriebspartner gefertigte Fahrerkabine ist mit einem schweren Einzahnaufreißer ausgestattet. Der Reißzahn ist mittels hydraulischem Bolzenzieher verstellbar. Der Motor der Caterpillar D 9 G ist ein Caterpillar Reihensechszylinder, der aus rund 24.000 ccm Hubvolumen 385 PS leistet. Sie hat mit der hier abgebildeten Ausrüstung ein Gewicht von ca. 35 Tonnen

Auch dieser MAN 22.304 DFSA-6x6 aus dem Jahr 1971 ist bei Paule ein Einzelstück. Er ist als Zugmaschine mit Ballastbrücke ausgerüstet und zieht einen Pendelachstieflader mit vier Achslinien, auf dem sich ein unter einer Plane verpacktes Maschinenbauteil mit 3,5 m Durchmesser befindet. Der 22.304 DFSA ist bei seiner Vorstellung 1970 der leistungsstärkste deutsche in Serie gefertigte Lkw. Sein zulässiges Gesamtgewicht beträgt als Solofahrzeug 32 Tonnen, das Zuggesamtgewicht mit Anhänger oder Sattelauflieger ist mit 100 Tonnen angegeben. Den Antrieb besorgt ein MAN V 8 Zylinder Saugdieselmotor des Typs D 2858 M 1, der aus 15.450 ccm Hubraum 304 PS bei 2200 Upm leistet. Kraftübertragung mittels ZF 9-Gang-Synchrongetriebe

Dieser Daimler-Benz LPAS 2632, ebenfalls ein Einzelstück in Paules Fuhrpark, wird im Jahr 1972 in Dienst gestellt. Zum gleichen Zeitpunkt wird der an den LPAS 2632 angehängte Kamag Tiefbettanhänger mit sechs Achslinien beschafft. Darauf wird ein Binnenfrachtschiff mit dem damals größten Paule eigenen Autokran, einem Grove TM 650, verladen. Der LPAS 2632 stammt ursprünglich von der von Daimler-Benz übernommenen Firma Hanomag-Henschel. Er wird von einem Daimler-Benz V 10 Zylinder des Typs OM 403 mit 320 PS aus 15.950 ccm Hubraum angetrieben. Das Getriebe mit acht Grundgängen ermöglicht eine feinstufige Splittung in bis zu 18 Gangstufen. Das Gesamtzuggewicht beträgt 120 Tonnen. Der LPAS 2632 hat die bei dieser Baureihe sehr seltene lange Fahrerkabine. Er ist bei Paule von 1972 bis 1977 im Einsatz

Der von Kamag stammende Tieflader mit sechs Achslinien wird um 1972 in Dienst gestellt und bleibt bis in die achtziger Jahre im Einsatz. Seine Nutzlast beträgt 75-80 Tonnen bei 105 Tonnen Gesamtgewicht

Ein Schwertransport besonderer Art: Auf den Daimler-Benz 2632 K und einen dreiachsigen Nachläufer ist ein großes Stahlplateau an beiden Enden drehbar aufgesattelt. Auf diesem sind sehr lange Stahlträgerkonstruktionen verladen. Diese Kombination war bereits mit dem Henschel HS 22 HAS als Zugmaschine im Einsatz

Als Daimler-Benz 1974 die neue schwere Fahrzeuggeneration vorstellt, werden mehrere Fahrzeuge dieser Baureihe in der Ausführung 2632 K-6x4 als Ergänzung zum bestehenden Fuhrpark in Dienst gestellt. Es werden ausschließlich die für den Einsatz im Schwertransportbereich besser geeigneten, weil verstärkten, Kipperfahrgestelle verwendet. Mit der Anschaffung dieser neuen Fahrzeuggeneration kommt der Wendepunkt vom ausschließlich durch Zugmaschinen gezogenen Tieflader zum Tiefladersattelzug. Das Foto zeigt einen der ersten Tiefladersattelzüge 1974 beim Transport einer kleinen Dampflok. Der Daimler-Benz 2632 K der ersten Generation hat einen OM 403 V 10 Zylinder Saugdieselmotor, der aus 15.950 ccm Hubraum 320 PS bei 2500 Upm leistet. Das Getriebe ist ein Achtgang Synchrongetriebe

Mit der Einführung hydraulisch betätigter Scheuerle Hubkesselbrücken in den achtziger Jahren, wie hier aufgesattelt auf einen Daimler-Benz 2632 K und einen zweiachsigen Nachläufer, wird der Transport und vor allem die Vorbereitung solcher Transporte wesentlich vereinfacht gegenüber der früheren Methode mit teilbaren Pendelachstiefladern und eingesetzten Stahlträgern. Der in den achtziger Jahren größte Telescopmastautokran von Paule setzt den Behälter auf die Scheuerle Hubkesselbrücke. Die ersten Telescopmastautokrane werden bei Paule 1968 eingesetzt, wobei es sich um die Baureihen TMS 275 und TM 180 von Grove TM 650 mit einer Hubkraft von 59 Tonnen handelt. Der Grove TM 650 wird in dieser Ausführung ausschließlich für den europäischen Markt gebaut. Er ist auf einen fünfachsigen deutschen Faun KF 100.53-10x6 Unterwagen montiert, der von einem Deutz V 12 Zylinder F 12 L 413 mit 340 PS auf alle drei Hinterachsen angetrieben wird. Das Fahrgewicht des Grove TM 650 beträgt 53 Tonnen

Interessanter Größenvergleich zwischen dem Behälter auf Scheuerle Hubkesselbrücke und dreiachsigem Nachläufer und dem daneben stehenden Futtermittel Silolastzug

Grove TM 650 beim Verladen großer Behälter in ein Binnenschiff

Zwei Daimler-Benz 2632 K der zweiten Generation, erkennbar an den schwarzen Typschildern mit hydraulischen Scheuerle Hubkesselbrücken und darauf liegenden Behältern in den späten achtziger Jahren

Daimler-Benz 2632 K als Zugmaschine vor dreiachsigem Kögel Plateauanhänger. Das Ladegut ist ein Triebwagen der alten Stuttgarter Zahnradbahn auf dem Weg zum Stuttgarter Straßenbahn- und Busmuseum

Dieser Titan Z 3242 S ergänzt 1981 den Fuhrpark von Paule. Er ist der erste seiner Baureihe, der für 180 Tonnen Zugleistung zugelassen ist. Die Fertigung der Fahrzeuge beginnt 1977 bei der von ehemaligen Ingenieuren der Waggonfabrik Rastatt 1971 gegründeten Titan Spezialfahrzeuge GmbH. Anfangs werden Titan Kranträgerfahrgestelle gebaut. Nach der Verlegung des Betriebes von Gengenbach nach Appenweiher wird 1977 der Urahn des Titan Z 3242 Z entwickelt. Seine Basis bildet ein überschwerer Dreiachsallradkipper, der ab 1974 bei Daimler-Benz gebauten neuen Kippergeneration. Er ist vorgesehen für den Export in die arabischen Emirate. Mit diesem Fahrgestell, einem Daimler-Benz V 12 Zylinder Dieselmotor, einer Wandlerschaltkupplung (WSK), einem wesentlich verstärkten Kühlsystem und weiteren technischen Installationen ist der erste Titan Z 3242 S für eine Anhängelast von 150 Tonnen ausgelegt. Der Motor: Daimler-Benz V 12 Zylinder Saugdiesel OM 404 mit 420 PS bei 2400 Upm aus 20.920 ccm Hubraum, die Kraftübertragung besteht aus einem 16-stufigen Getriebe mit Wandlerschaltkupplung. Paules Titan mit 180 Tonnen Zugleistung, hier mit Kamag Tieflader mit sechs Achslinien und 105 Tonnen Gesamtgewicht, transportiert einen Tankbehälter

Eine weitere Transportauflage mit dem Titan Z 3242 Z und dem Kamag Tieflader. Der Behälter wird wegen seiner großen Länge nicht im Bett des Tiefladers, sondern auf dessen Auflagen über den Achsen fixiert

Ein heute schon recht seltener P&H 650 Raupenkran des Bauunternehmens Bilfinger & Berger erklimmt in den späten achtziger Jahren von der Seite den sechsachsigen Kamag Tieflader, der vom Titan Z 3242 S gezogen wird. Der schwere P&H 650 Raupenkran wird von einem Caterpillar Reihensechszylinder Diesel der Baureihe 1673 mit 223 PS (SAE) angetrieben und hat eine maximale Hublast von 54 Tonnen

Auslieferung eines fabrikneuen Caterpillar 988 B Radladers mit der Kombination Titan Z 3242 S und Kamag Sechsachstieflader Mitte der achtziger Jahre

Nochmal die Auslieferung des Caterpillar 988 B aus einer anderen Perspektive. Paule wickelt viele Neumaschinentransporte ab für führende Hersteller und Handelsunternehmen wie Caterpillar (Zeppelin), Poclain, Weserhütte, General-Motors (Euclid, später Terex), Menck, RayGo oder Barber-Greene

Der Daimler-Benz 2644 wurde in der Schweiz bei NAW (Nutzfahrzeuge Arbon Wetzikon) als Schwerlastzugmaschine mit vier Achsen und Vorlaufachse vor dem angetriebenen Achsentandem aufgebaut. Das Fahrzeug kann auch mit Ballastbrücke oder wie hier als Sattelzugmaschine verwendet werden. Der vierachsige Satteltieflader von Scheuerle ist speziell für den Transport schwerer Baumaschinen ausgestattet. Auf dem Schwanenhals, unter der Plane, ist ein Dieselmotor mit Hydraulikpumpe installiert, der die Hydraulik des Tiefladers versorgt. Über diese Hydraulik kann der Schwanenhals des Tiefladers abgesenkt und bei Verbolzung gelöst werden. Die Zugmaschine mit dem darauf befindlichen Schwanenhals wird herausgefahren und das Ladegut, in diesem Fall ein Hydraulikbagger der Baureihe 962 aus den achtziger Jahren, erklimmt über die vorne am Tiefbett angeordneten Pampen leicht die Ladefläche. Die Zugmaschine hat Solo ein Gesamtgewicht von rund 32 Tonnen, ihr V 8 Zylinder Turbodiesel leistet 435 PS. Für die Kraftübertragung ist eine Wandelschaltkupplung mit einem 16-stufigen Getriebe zuständig

1980 wird bei Paule in der eigenen Werkstatt aus einem serienmäßigen Daimler-Benz 2632 6x4 Pritschen-Lkw dieser erste Lkw mit schwerem Ladekran gebaut. Der Ladekran des Typs C 2553 des italienischen Herstellers Coma hat vier hydraulische Abstützungen und kann bei minimaler Ausladung bis zu 18 Tonnen heben, also fast einen kleinen Autokran ersetzen. Hier verlädt er einen größeren Reihensechszylinder Dieselmotor auf seine Brücke. Dieses Fahrzeug existiert in Paules Fuhrpark mittlerweile nicht mehr, hat jedoch zwei legitime Nachfolger: Einen dreiachsigen Daimler-Benz Pritschen LKW der späteren SK-Baureihe, wiederum mit einem italienischen Coma Ladekran mit änlichen Daten wie sein Vorgänger. Das Highlight ist jedoch ein Vierachser Daimler-Benz SK 3244-8x4, der mit einem Coma Ladekran des Typs TP 29 ausgerüstet ist. Der Coma TP 29 kann bei minimaler Ausladung bis zu 29 Tonnen zu heben – mehr als mancher Autokran.

Dieser gepflegte Daimler-Benz 2644-6x4 aus der SK-Baureihe zählt mit seinem aus den siebziger Jahren stammenden Kögel Dreiachsplateauanhänger zum umfangreichen und vielseitigen Fuhrpark von Paule. Der SK 2644 wird von einem aufgeladenen V Achtzylinder Diesel mit 435 PS aus 14.618 ccm Hubraum angetrieben. Die Kraftübertragung verfügt über 16 Gangstufen

Fabrikneuer Mercedes Titan SLT 4154 im Auslieferungszustand im Mai 2005. Aus dieser Perspektive sind einige der bei Titan vorgenommenen Veränderungen gut zu erkennen. Es sind unter anderen die hinter der Fahrerkabine hochgesetzten Luftkessel. Die Überführungszulassung von Germersheim resultiert daraus, dass die Umbauten, die aus einem Mercedes Actros einen Mercedes Titan SLT machen, zwar bei Titan in Sulzbach durchgeführt werden, Titan Spezialfahrzeuge ist schließlich Systempartner von Daimler Chrysler, der Vertrieb der Titan SLT Baureihe erfolgt jedoch über Daimler Chrysler in Wörth. Der SLT 4154-8x4/4 entspricht in seiner technischen Ausführung weitgehend dem SLT 4160, hat auch den gleichen V Achtzylindermotor, jedoch mit geringeren 537 PS. Das Gesamtzuggewicht wird mit 250 Tonnen angegeben

Mit diesem Mercedes Titan SLT (Schwer Last Transporter) des Typs 4160 gelangt im Jahr 2004 die bislang leistungsstärkste Schwerlastzugmaschine in Paules Fuhrpark. Der SLT 4160 wird von einem von 578 auf 609 PS gesteigerten Daimler-Benz V 8 Zylinder Turbointercooler Diesel mit einem Hubvolumen von 15.928 ccm angetrieben. Die Kraftübertragung erfolgt mittels eines Mercedes G 240 Getriebes mit 16 Gangstufen, dem eine ZF-WSK 400 Wandler-Schaltkupplung vorgeschaltet ist. Die Zugmaschine hat ein Eigengewicht von 12 Tonnen, ohne Ballast. Das Gesamtzuggewicht beträgt 250 Tonnen, die technisch mögliche Zuglast liegt bei gut 220 Tonnen. Dieser SLT 4160 stammt jedoch nicht vom gleichen Hersteller wie die Titan Z 3242 S aus dem Jahr 1981. Der damalige Hersteller Titan Spezialfahrzeuge in Appenweiher stellt seine Fertigung in den frühen neunziger Jahren ein. Im Jahr 1997 erwirbt ein Ingenieurbüro in Backnang, wo auch Kaelble ansässig ist, die Namens- und Fertigungsrechte. Diese neue Firma „Titan Spezialfahrzeuge" baut anfangs schwere Haubenzugmaschinen mit Cummins Motoren und Allradantrieb für den Export. Die erste Lieferung erfolgt 1997 nach Thailand. Wenige Jahre später wird der erste auf dem Mercedes Actros 3353-6x4 basierende Mercedes Titan SLT 4153-8x4/4 entwickelt, ausgelegt für ein Gesamtzuggewicht von 250 Tonnen

Dieser Liebherr LTM 1300-1 aus dem Jahr 2000 ist der von der Hubkraft her zweitgrößte Kran von Paule. Er hat ein Eigengewicht von gut 95 Tonnen und bietet bei geringster Ausladung eine maximale Hubkraft von 300 Tonnen. Der Unterwagen wird von einem Liebherr V 8 Zylinder Intercooler Turbodiesel mit 500 PS angetrieben, im Oberwagen arbeitet ein Liebherr Vierzylinder Turbodiesel mit einer Leistung von 225-230 PS. Noch größere Lasten, bis zu 350 Tonnen, bewältigt ein im Jahr 1991 in Dienst gestellter Liebherr LTM 1300 Telekran mit einem siebenachsigen Unterwagen. Dieser wird jedoch im Gegensatz zum LTM 1300-1 nicht von Liebherr eigenen Motoren, sondern von Daimler-Benz Dieselmotoren angetrieben. Als der Kran gebaut wird, hat Liebherr noch keine eigenen Motoren im Programm. Der Unterwagenmotor des LTM 1300 ist ein Daimler-Benz V 12 Zylinder Turbodiesel mit 540 PS. Im Oberwagen arbeitet ein Reihensechszylinder Turbodiesel des Typs OM 364 mit 240 PS. Das Transportgewicht des LTM 1300 liegt bei rund 100 Tonnen. Beim Straßentransport wird die Kabine des Kranoberwagens hydraulisch nach hinten geschwenkt. Für die Ausrüstung und den Ballast eines Krans sind zwei mindestens sechsachsige Sattelzüge erforderlich

Größter und leistungsfähigster Autokran von Firma Paule ist der 1991 in Dienst gestellte Liebherr LTM 1300 mit 350 Tonnen Hubkraft. Hier arbeitet er mit angebauter Wippspitze und der damit möglichen maximalen Höhe von 116 Metern im April 2005 an der Fertigstellung des neuen Daimler-Chrysler Museums in Stuttgart. Der gegenüber dem sechachsigen Liebherr LTM 1300-1 über einen siebenachsigen Unterwagen verfügende Liebherr LTM 1300 hat einen Daimler-Benz V 12 Zylinder Turbodiesel mit 540 PS als Fahrmotor. Das Transportgewicht des fahrfertigen Liebherr LTM 1300-1 beträgt fast 100 Tonnen ohne jeglichen Ballast und sonstiges Zubehör. Für den Transport des Zubehörs sind je nach der Art des Einsatzes des Autokrans ein bis zwei schwere Sattelzüge mit gut 60 Tonnen Gesamtgewicht erforderlich

Der 400 Tonnen hebende Portalkran kann Lasten bis zu diesem Gewicht selbst bei begrenzten Platzverhältnissen anheben, um einen Tieflader oder Schwerlasttransporter darunter zu rangieren. Ein Einsatzbeispiel für den Portalkran und dessen Verwendungszweck ist dieser 270 Tonnen wiegende Drehrohrofen, der auf einen vielachsigen Spezialtransporter verladen wird. Der Straßentransport erfolgt von Zeitz in Thüringen bis zur Verschiffung nach Hamburg. Bestimmungsland für dieses Bauteil einer Zementfabrik ist Saudi Arabien

Zum Abschluss soll dieser liebevoll restaurierte Kaelble K 645 Z präsentiert werden. Er schlummert in einem wettergeschützten Versteck unterhalb der Paule eigenen Tankstelle. Sein Geburtsdatum ist der 25. Juni 1958. Angetrieben wird er durch einen Kaelble Reihensechszylinder, der aus 10.594 ccm Hubraum 145 PS bei 1700 Upm leistet. Die Anhängelast beträgt 20 Tonnen, tatsächlich kann der K 645 Z deutlich mehr schleppen. Das Fahrerhaus besteht aus einem Holzgerippe

Weitere Bücher unseres Verlages

Fordern Sie unser Gesamtverzeichnis an mit Büchern über **Autos**, **Motorräder**, **Lastwagen**, **Traktoren**, **Feuerwehrfahrzeuge**, **Baumaschinen** und **Lokomotiven**:

Verlag Podszun Motorbücher GmbH
Elisabethstraße 23-25, 59929 Brilon
Telefon 02961-53213, Fax 02961-9639900
Email info@podszun-verlag.de
www.podszun-verlag.de

Die Geschichte von Magirus reicht weit zurück und wird anhand der Lastwagenmodelle porträtiert. Alle werden ausführlich in Wort und Bild dargestellt, ergänzt durch technische Daten und Maßzeichnungen.

270 Seiten
700 Abbildungen
28 x 21 cm
fester Einband
Bestellnummer **388**
EUR **44,90**

Seit 1905 die erste selbstfahrende Dampfspritze bei Krupp in Essen in Dienst gestellt wurde, haben sich die Fahrzeuge der Werkfeuerwehren zu hochtechnisierten Werkzeugen weiterentwickelt. Diesen Fahrzeugen, vielfach Sonderkonstruktionen, widmet sich das Buch.

240 Seiten
1400 Abbildungen
28 x 21 cm
fester Einband
Bestellnummer **389**
EUR **39,90**

Außergewöhnliche Schwertransporte in Wort und Bild, Einsätze von Großkranen von Liebherr, Demag und Gottwald.

144 Seiten, 276 Abbildungen
28 x 22 cm, fester Einband
Bestellnummer **314** EUR **19,90**

Rund 270 MAN-Nutzfahrzeuge im Einsatz mit Beschreibungen, technischen Daten und Hintergrundberichten.

144 Seiten, 310 Abbildungen
28 x 22 cm, fester Einband
Bestellnummer **359** EUR **29,90**

Packende Schwertransporte mit MAN Schwerlastzugmaschinen über Autobahnen und durch oft enge Städte.

144 Seiten, 288 Abbildungen
28 x 22 cm, fester Einband
Bestellnummer **353** EUR **24,90**

Werdegang der einstigen Stückgutspedition zum Spezialisten für schwerste und größte Transporte.

160 Seiten, 300 Abbildungen
28 x 22 cm, fester Einband
Bestellnummer **386** EUR **24,90**

Anhand faszinierender Abbildungen und detaillierter Beschreibungen wird der ungewöhnliche Fuhrpark dieses großen österreichischen Unternehmens dargestellt. Auch Bilder aus der Geschichte werden gezeigt.

144 Seiten
380 Abbildungen
28 x 22 cm
fester Einband
Bestellnummer **385**
EUR **24,90**

- Viberti Aufbauten
- Rappold aus Wülfrath
- Luftkipper und Seitenlader von Kraus
- Deutrans, DDR
- Die Firma May und ihre Lastwagen
- Entdeckungen am Straßenrand von Chile

144 Seiten, 295 Abb.
17x24 cm, Broschur
Bestellnummer **364**
EUR **14,90**

Carosseriebau Krapf, Spedition Felten, Transportbetonmischer von Stetter u a.

144 Seiten, 277 Abbildungen
17x24 cm, Leinenbroschur
Bestellnummer **334** EUR **14,90**

Klockemann, Schwertrans Leipzig, Werbewagen von Dr. Oetker, Wellmeyer u.a.

144 Seiten, 312 Abbildungen
17x24 cm, Leinenbroschur
Bestellnummer **267** EUR **14,90**

- Fahrzeugbau Langendorf, Waltrop
- Italienische Nutzfahrzeuge
- Die Fahrzeuge der Kronenbrauerei
- Riesenlastwagen
- Fahrzeugbau Frank und anderes

144 Seiten
295 Abbildungen
17x24 cm
Leinenbroschur
Bestellnummer **396**
EUR **14,90**

Schwertransporte in Südafrika, Schaumann, Michels, Iveco, Autokrane u.a.

144 Seiten, 290 Abb.
17x24 cm, Leinenbroschur
Bestellnummer **369** EUR **14,90**

Unimog bei der Feuerwehr, Mog Tuning, 416 Lesa, Forst, Eggers, Ematec u.a.

144 Seiten, 288 Abb.
17x24 cm, Leinenbroschur
Bestellnummer **400** EUR **14,90**

Größer, schneller, weiter, schwerer: MAN Schwerlast-Zugmaschinen mit zum Teil riesiger Ladung.

144 Seiten, 290 Abbildungen
28x22 cm, fester Einband
Bestellnummer **292** EUR **24,90**

Wenn die schweren Zugmaschinen mit ihrer gigantischen Ladung auf Reise gehen, beben die Straßen und Autobahnen.

144 Seiten, 280 Abbildungen
28x22 cm, fester Einband
Bestellnummer **263** EUR **19,90**

Bracht ist bekannt für spannende Schwertransporte und ungewöhnliche Kraneinsätze. Mit packenden Abbildungen wird der Fuhrpark des westfälischen Unternehmens vorgestellt.

144 Seiten
288 Abbildungen
28 x 22 cm
fester Einband
Bestellnummer **379**
EUR **24,90**

SCANIA
Bred last